저 자

심복기

· 프랑스 파리-라빌리뜨 국립건축대학교 DPLG 졸업
· 프랑스 파리-라빌리뜨 국립건축대학교 DEA 졸업
· 장뉴벨 건축사사무소 (프랑스)
· 국토연구원 (한국)
· 신구대학교 부교수
· 프랑스 국가공인 건축사

- 저서
· 이슬람건축 1400년사

유재득

· 홍익대학교 건축학과 졸업
· 서울대학교 환경대학원 석사
· 홍익대학교 공학박사
· ㈜일로종합건축사사무소 대표
· 서울특별시 공공건축가
· 건축사 (한국)

- 주요 작품
· 위례지구 SH 공사 공동주택 건축설계
· 홍익대학교 미술대학 종합강의동 건축설계 외 다수

초 판 발 행	2019년 9월 30일
2 판 발 행	2020년 4월 01일
지 은 이	심복기, 유재득
표지디자인	유재득
편집디자인	하지윤
펴 낸 곳	넥스트 일로
인 쇄	남영특수인쇄사
정 가	25,000원
출 판 등 록	2018년 8월 23일 제2018-000099호
주 소	서울시 송파구 충민로 52, 가든파이브 웍스 C-208
전 화	02-2047-1880

ISBN 979-11-964917-1-0
Copyright ⓒ 2019-2020 Next illo Publishing Co,. Ltd

※ 잘못된 책은 구입하신 서점에서 교환해 드립니다.
※ 이 책의 일부 혹은 전체 내용에 대한 무단 복사, 복제 전재는 저작권법에 저촉됩니다.

들어가는 말

이슬람은 우리나라에서는 잘 모르는 미지의 세계이다. 해외여행이 보편화하면서 이슬람 지역에 대한 방문도 많아지고 있다. 이국적이면서도 화려한 건축에 시선이 끌리는 것은 당연하다. 일반적으로 이것만으로도 좋은 경험이 될 것이다. 하지만, 이슬람에 대해서 조금 더 알고 여행을 한다면 한층 더 깊게 이해할 수 있을 것이다.

본 저서는 이슬람 도시에 대한 기초적인 내용을 설명하고 이와 관련된 도시와 건축물을 소개하여 우리가 잘 모르고 있는 이슬람 문화에 대한 이해를 돕고자 하는 데 있다. 이슬람 지역으로 여행을 하고자 하는 여행객이나, 이슬람에 대해서 알고자 하는 독자를 위한 기본 지침서로 활용하는 것을 목표로 하고 있다.

그동안 우리가 잘못된 정보와 편견으로 알고 있는 이슬람에 대한 시선을 바로 잡고 1400년의 역사를 가진 이슬람 문명과 도시에 대한 올바른 정보를 본 저서를 통해 알리고자 한다. 이슬람 문명과 도시에 대해 잘 모르는 일반 독자를 위해 어려운 글보다는 일러스트(삽화) 위주로 내용을 편성하여 쉽게 이해할 수 있도록 하고자 한다.

○ 이슬람 도시와 건축으로의 여행

우리가 여행을 간다는 것은 사람마다 여러 가지 목적이 있을 것이다. 하지만 공통으로 보게 되는 것은 그 나라의 문화와 건축물이다. 이슬람 지역으로 여행을 간다면 반드시 이슬람 문화와 건축물과 마주하게 된다. 우리는 이슬람에 대한 정보가 많이 없다. 있더라도 단편적인 경우가 많다.

본 책에서는 이슬람 문화와 건축물을 품고 있는 이슬람 도시에 관해서 설명하고자 한다. 이를 통해 이슬람에 대한 인식을 바르게 세우고 건축에 대한 이해를 돕고자 한다. 여행을 가기 전 또는 이슬람에 관해서 관심 있는 사람들에는 많은 도움이 될 것으로 판단한다.

○ 이슬람에 대한 오해와 진실

이슬람은 621년 시작했으니, 2021년이 되면 1400년이 된다. 당시 아라비아반도는 비잔틴 제국(Byzantine Empire)과 사산조(Sassanian Empire)라는 강대국의 중간지대에 있었다. 신생국 이슬람은 두 강대국과 끊임없이 싸워야만 했다. 그리고 마침내 두 강대국을 역사의 뒤안길로 사라지게 했다. 또, 십자군 전쟁(Crusades)으로 유럽지역의 나라와도 전쟁했다.

주변 국가와의 전쟁은 역설적으로 새로운 문화, 예술, 과학, 건축, 도시 등을 만들었다. 초기 모스크(Mosque) 건축은 비잔틴 제국(Byzantine Empire)의 영향을 받았다. 페르시아의 영향을 받은 모스크(Mosque)도 있다. 전쟁을 위해 군영 시설을 만든 곳이 나중에 도시가 되기도 한다. 카이로(Cairo)가 대표적인 예이다.

이슬람의 도시와 건축은 이전에 없던 새로운 방식이었다. 유럽의 계획적인 도시와는 다른 이슬람의 종교와 문화가 융합된 도시이다. 건축은 모스크(Mosque)를 중심으로 하는 종교시설, 바자르(Bazaar)같은 상업시설, 베이트(Bayt)같은 주거시설 등이 이슬람의 특징을 담고 있다.

십자군 전쟁(Crusades)을 하는 동안 전쟁에 참여했던 군인, 귀족, 성직자 등은 이슬람의 철학, 예술, 과학 등을 서유럽에 전파하였다. 새로운 지식은 고딕과 르네상스가 발생하는 데 크게 이바지하였다. 반면에 이슬람은 유럽과의 전쟁에서 공성전에 대한 전술을 터득했다. 이 기술은 비잔틴 제국(Byzantine Empire)의 수도 콘스탄티노플(Constantinople)을 무너뜨리는 데 결정적인 역할을 한다. 결국, 십자군 전쟁(Crusades)은 전쟁이 아닌 문화 교류의 장이 된 셈이다.

무함마드 알 이드리시(Muhammad al-Idrisi, 1100~1165)는 세계지도를 만들어서 유럽에 전파했다. 유럽에서 사용한 초기 고딕의 리브 볼트는 이슬람에서 8세기에 압바스조(Abbasid Caliphate)에서 이미 사용했다. 빅토리아 시대(Victorian Age) 때 유행했던 편자형 아치는 우마이야조(Umayyad Caliphate)에서 사용한 것이 유럽으로 전파된 것으로, 유럽에서는 이를 무어 양식(Moorish Style)이라고 부른다. 수학 분야에서는 대수학 이론을 만들었으며, 천문학에서는 1,000개 이상의 별자리가 아랍식 이름을 사용하고 있다. 또한, 알 자흐라위(Al-Zahrawi, 936~1013)는 200여 가지의 수술 도구를 만들어서 의학 발전에 이바지했다.

○ 본 책의 구성

본 책은 크게 3개의 장으로 구분되어 있다.

제1장은 이슬람의 이해로 이슬람에 대한 기초적인 지식과 이슬람 도시와 건축의 원형에 관해 설명하고 있다. 이슬람 4대 성지는 이슬람에서 가장 중요한 곳으로 역사 배경, 경제 상황, 종교 내용을 통합적인 관점에서 서술하고 있다.

제2장은 이슬람 도시에 대한 이론적 배경과 생성에 대해 알 수 있다. 이슬람 도시의 구성 원리와 요소를 이해하면서 특징을 파악할 수 있도록 하였다. 이슬람의 도시들은 이슬람의 종교, 정치, 문화, 예술 등 이슬람에 대한 모든 것을 알 수 있는 역사 같은 장소이다. 그러므로 이슬람에 도시에 대한 기초적인 지식을 이해할 수 있도록 하였다.

제3장은 이슬람의 대표적인 도시들을 선정하여 도시별로 역사 배경과 특징을 알 수 있도록 하였다. 선정된 도시는 역사적으로 중요한 수도이면서 이슬람 도시의 특징을 잘 나타내는 장소이다. 또한, 이슬람 도시와 더불어 중요한 건축물이 있는 곳이기도 하다. 도시 중에는 이슬람의 흥망성쇠를 지나온 곳도 있다. 선정된 도시들을 통해 이슬람에 대해 더 잘 이해할 수 있게 된다.

이슬람이라는 생소한 주제에 전문적인 지식이 요구되는 도시와 건축에 대한 내용은 일반적인 독자가 이해하기 어려운 부분이 많은 것은 사실이다. 본 책에서는 글로서 모든 내용을 설명하는 것에는 한계가 있어서 글과 어울리는 사진과 삽화를 첨부하여 이해를 돕고자 했다. 본 책을 이해하기 위해서 먼저 그림과 삽화만 보고 나중에 글과 함께 보는 것도 좋은 방법이 될 수 있다.

본 책을 통해 이슬람 도시에 대한 지식과 더불어 이슬람에 대한 이해도 할 수 있기를 바란다.

Content

Ⅰ. 들어가는 말　　　　　　004

Ⅱ. 이슬람의 이해　　　　　011

    01. 이슬람의 시작　　　　　　012
    02. 예언자의 집 (Prophet's house)　　016
    03. 이슬람의 4대 성지　　　　　022
        1. Mecca와 Kaaba, Al-Masjid al-Haram(카바와 알 하람 모스크)　024
        2. Medina와 Al-Masjid an-Nabawi(알 나바위 모스크)　034
        3. Jerusalem과 Al-Aqsa Mosque(알 아크사 모스크)　044
        4. Hebron과 Ibrahimi Mosque(이브라힘 모스크)　054

Ⅲ. 이슬람의 도시 원리　　　065

    04. 이슬람 도시의 시작　　　　066
    05. 이슬람 도시의 특징　　　　070
    06. 이슬람 도시의 구성 원리　　074
    07. 이슬람 도시의 생성 방식　　080
    08. 이슬람 도시의 주요 구성요소　091
    09. 이상도시 : 마디나 알 살람　100

Ⅳ. 이슬람의 도시들　　　　　109

　　10 . 메카(Mecca)　　　　　　　110
　　11 . 메디나(Medina)　　　　　　122
　　12 . 다마스쿠스(Damascus)　　　134
　　13 . 바그다드(Baghdad)　　　　148
　　14 . 카이로(Cairo)　　　　　　　160
　　15 . 이스탄불(Istanbul)　　　　　172
　　16 . 카이루안(Kairouan)　　　　184
　　17 . 사마르칸트(Samarkand)　　196
　　18 . 이스파한(Isfahan)　　　　　206
　　19 . 알레포(Aleppo)　　　　　　218
　　20 . 헤라트(Herat)　　　　　　　230

Ⅴ. 부 록　　　　　　　　　　240

Ⅵ. 참 고 문 헌　　　　　　　254

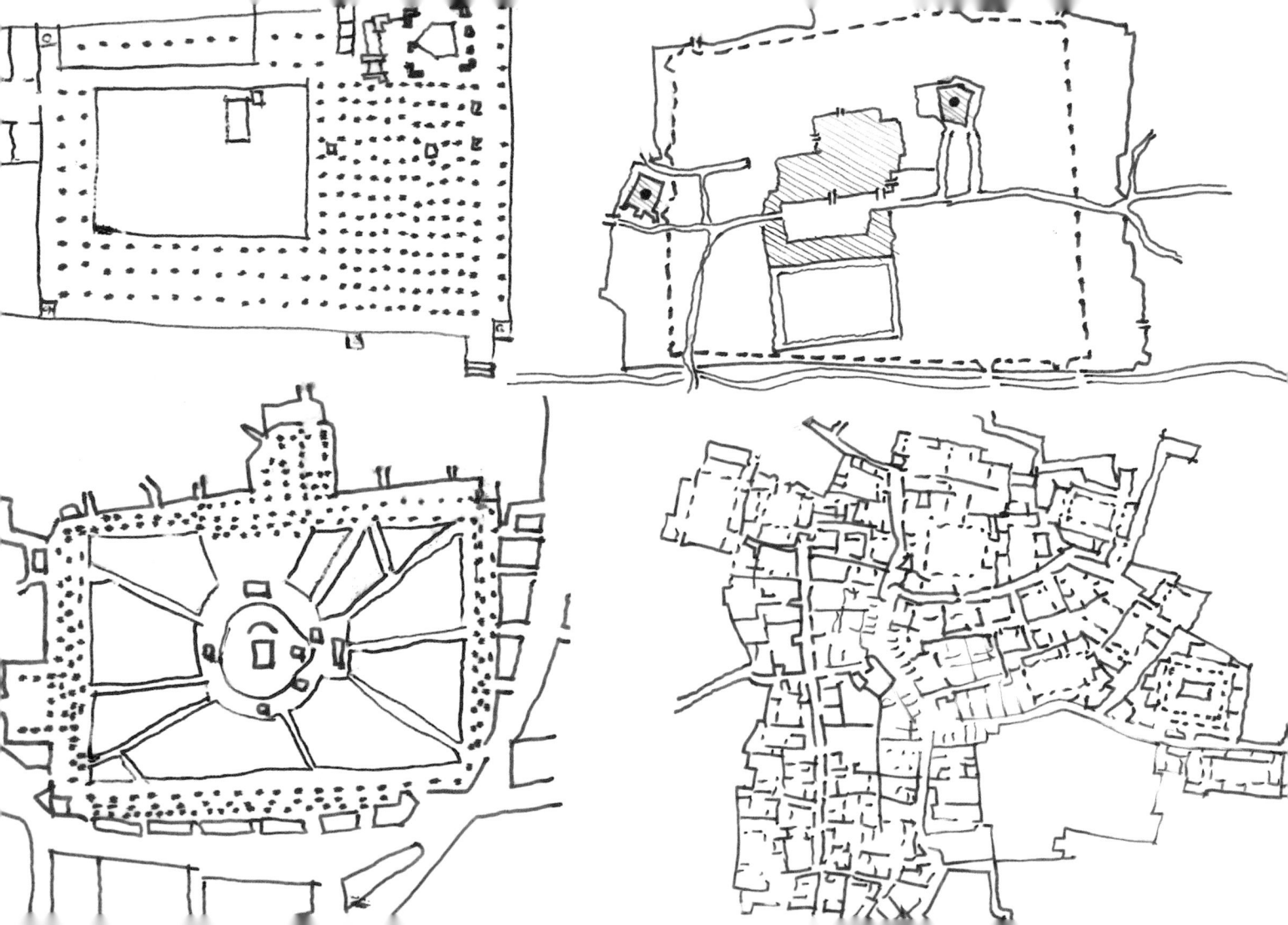

I
이슬람의 이해

이슬람의 시작
예언자의 집
이슬람의 4대 성지

01

이슬람의 시작

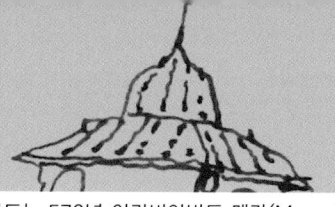

이슬람은 예언자 무함마드(Prophet Muhammad)와 같이 시작한다. 무함마드는 570년 아라비아반도 메카(Mecca) 도시에서 태어난다. 무함마드 부모는 쿠라이시(Quraysh) 부족 중의 하나인 바누 하심(Banu Hashim) 일가였으나, 아버지는 무함마드가 태어나기 전에, 어머니는 무함마드가 여섯 살 되던 해에 돌아가셨다. 고아가 된 무함마드는 친족의 보살핌 속에서 자랐으며 삼촌을 따라다니면서 무역을 배우게 된다. 595년 무역상인 카디자(Khadijah)와 결혼하면서 평범한 삶을 살아간다. 610년 메카(Mecca) 근처에 있는 자발 알 누르 산(Mount Jabal al-Nour)에 있는 히라(Hira) 동굴에서 혼자 기도하는 중에 신의 계시를 듣고 예언자가 된다.

무함마드가 설교를 통해 대중적인 세가 확장되자 메카(Mecca)에 있던 지배층들은 위협을 느끼고 무함마드와 그의 추종자들에 대한 핍박을 가하기 시작한다. 생명의 위협을 느낀 무함마드와 추종자들은 622년 메카(Mecca)를 떠나 메디나(Medina)로 이주로 한다. 이것을 히즈라(Hijrah)라고 하며 이슬람의 시작 즉 기원이 된다.

메디나(Medina)에 정착한 무함마드는 메디나(Medina)에 있는 부족들을 규합하여 이슬람을 전파하기 시작했다. 추종자들은 빠르게 늘어났으며, 몇 번의 전쟁 후 629년 메카(Mecca)를 정복하게 된다. 메카(Mecca)를 정복한 무함마드는 카바(Kaaba)를 제외한 모든 이교도의 상징을 파괴할 것을 명하면서 메카(Mecca)를 이슬람 도시로 만든다. 632년 다시 메디나(Medina)로 이주한 무함마드는 열병으로 인해 죽음을 맞이한다. 무함마드의 묘는 메디나(Medina)에 있는 모스크(Mosque)에 안장되며 이슬람 최대의 성지가 된다.

이슬람은 알라(Allah)를 믿는 유일신교이다. 이슬람 이전에 유일신교는 유대교(Judaism)와 그리스도교(Christianity)뿐이었다. 공교롭게도 이들 유일신교는 그 뿌리가 이브라힘(Ibrahim, 아브라함(Abraham))으로 같다. 하지만, 이들 종교의 지향점은 다르다. 이것이 각 종교의 이념이나 철학이 극명하게 다른 이유이다. 이슬람의 종교적인 큰 특징 중의 하나는 평등이다. 모든 무슬림은 알라(Allah) 앞에서 평등하다는 사상이 강하다.

이슬람 도시와 건축은 무함마드가 메디나(Medina)에서 살던 집(예언자의 집(Prophet's house))과 꾸란(Quran)에 의한 영향이 크다. 대부분의 도시적, 건축적인 요소가 예언자의 집(Prophet's house)에서 시작하며, 추상적이고 은유적인 요소는 꾸란(Quran)에 의해 정의된다. 특히 꾸란(Quran)은 사회, 문화적인 요소에 많은 영향을 주며 이를 반영한 도시와 건축이 만들어진다. 꾸란(Quran)은 무함마드 사후에 만들어졌으며, 원칙적으로 아랍어만 사용할 수 있다.

1598에 제작한 지도로 메카(Mecca), 메디나(Medina)를 포함한 당시 아라비아반도의 중요도시를 표시했다. 중요도시 대부분이 바다와 접해 있는 것을 볼 수 있다. 당시 해상을 통한 무역이 중요했던 것을 알 수 있다. 무함마드도 무역상이었다.

자발 알 누르(Jabal al-Nour)는 빛의 산이라는 뜻으로 메카(Mecca) 근처에 있다. 무함마드가 명상을 위해 자주 찾던 장소이다.

히라 동굴(Cave Hira)은 자발 알 누르 산에 있는 동굴이다. 무함마드가 지브라일(Jibrail, 가브리엘(Gabriel)) 천사로부터 알라(Allah)의 계시를 받은 곳이다.

01 . 이슬람의 시작   015

02
예언자의 집
(Prophet`s house)

이슬람의 도시와 건축은 예언자의 집(Prophet's house)에서 시작했다고 해도 무방하다. 예언자의 집(Prophet's house)은 이슬람 도시와 건축뿐만 아니라 이슬람의 종교, 문화, 예술, 사회 등 거의 모든 분야에 영향을 주었다. 메카(Mecca)를 떠나 메디나(Medina)로 이주한 무함마드와 추종자들은 아부 아유브 알 안사리(Abu Ayyub al-Ansari) 집에 머물게 된다. 이 주택은 전형적인 아랍 스타일의 주거 형식을 가지고 있다. 다만, 다른 집에 비해 마당이 넓었는데, 소유자가 상인이어서 물품들을 마당에 놓기 위함이었다. 초기 주택의 규모는 자료마다 다르게 나와 있어서 정확히는 알 수 없다. 대략 30~35m 정도의 사각형 형태로 추정하고 있다. 무함마드가 메디나(Medina)에 정착하면서 가족과 추종자들을 위해 집을 확장을 했는데 그 규모가 가로 50m, 세로 50m 정도로 정사각형 형태였다. 주 출입구는 동쪽이었고 출입구 옆에 방이 9개 있었다. 마당에 종려나무가 있어서 추종자들과 순례자들이 쉴 수 있었다. 건축 재료는 당시 아랍 주거에서 많이 사용하는 흙벽돌과 돌로 지어졌다.

무함마드는 마당에서 추종자들에게 설교하였으며, 토론도 하고 중요한 결정도 내렸다. 예언자의 집(Prophet's house)에서 이슬람의 중요 건축요소가 만들어지는데, 하람(Haram), 미흐랍(Mihrab), 민바르(Minbar) 등이 대표적이다. 무함마드는 자신이 거주하는 집 위에 모스크(Mosque)를 건설하는데 그 모스크(Mosque)를 예언자 모스크(Prophet's mosque)라고 하며 알 나바위 모스크(Al Nabawi mosque)라고도 한다.

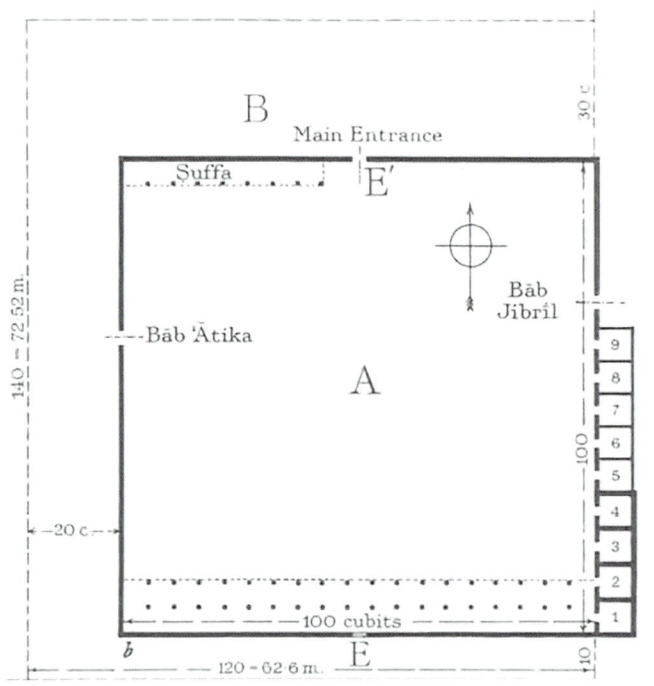

예언자의 집(Prophet's house) 평면도. 큐빗(cubit)은 고대에서부터 사용한 측정단위다. 보통 한 팔꿈치를 말한다. 하지만, 지역마다 차이가 있지만 45~55cm 정도이다. 이슬람에서는 큐빗을 디라(Dhira) 라고 하며 대략 48cm~50cm 정도이다.

예언자의 집(Prophet's house) 모형

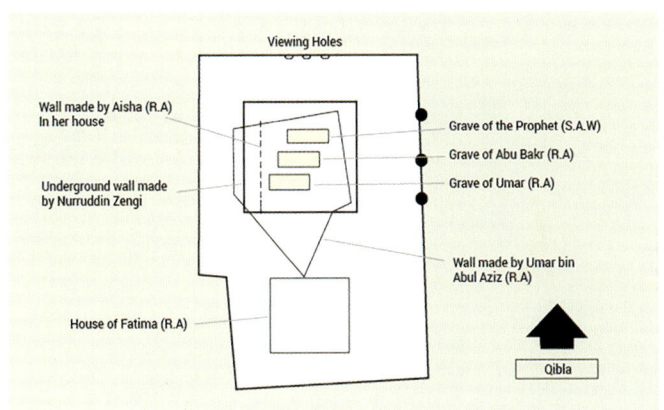

　무함마드의 묘가 있는 신성한 방(Rawdah Mubarak)이다. 여기에는 칼리프(caliph) 아부 바르크(Abu Bakr)와 우마르(Umar) 묘도 같이 있다. 무함마드는 메디나(Medina)에 있는 아이샤(Aisha) 집에서 생을 마감했다. 그림에서 점선으로 표시한 부분이 아이샤 집이다. 무함마드의 묘가 키블라(Qibla) 방향으로 정렬된 것을 볼 수 있다.

　무함마드의 묘로 녹색 천으로 덮여 있다. 이슬람에서 녹색은 낙원(Paradise)을 의미한다.

신성한 방(Rawdah Mubarak)의 외부 모습이며 전체적인 의미는 낙원과 연관되어 있다. 여기서 말하는 낙원은 에덴의 동산(Paradise of Eden)을 뜻한다.

03
이슬람의 4대 성지

이슬람의 성지는 종교적으로 중요한 지역으로 알라(Allah), 이브라힘(Ibrahim), 무함마드(Muhammad)와 연관이 있다. 이슬람이 중요하게 여기는 성스러운 장소 중 일부는 유대교(Judaism)와 그리스도교(Christianity)에서도 중요한 곳이기도 하다. 여기서 종교적인 갈등이 발생하는데, 어느 종교가 그 지역을 지배하느냐에 따라 성지이지만, 갈 수 없기도 하다. 십자군 전쟁(Crusades)의 출발점도 그리스도교(Christianity)가 성지인 예루살렘(Jerusalem)을 이슬람으로부터 찾고자 한 것이다. 현재도 이러한 상황이 계속되고 있다. 심지어는 같은 건축물을 두 종교가 나누어서 관리하는 곳도 생기기도 한다.

이슬람의 4대 성지는 히자즈(Hijaz) 지역의 메카(Mecca)와 메디나(Medina), 샴(Sham)지역의 예루살렘(Jerusalem)과 헤브론(Hebron)이다.

히자즈(Hijaz)지역은 사우디아라비아 서쪽 지역으로 홍해를 따라 길게 형성되어 있다. 주요 도시로는 메카(Mecca)와 메디나(Medina)가 있다. 고고학적 발견에 의하면 기원전 3000년경 전부터 문명이 형성되고 사람이 살고 있었던 것으로 추정된다. 이슬람에서는 이브라힘(Ibrahim, Abraham)과 이스마일(Ismail, Ishmael)이 메카(Mecca)에서 살았던 것으로 보고 있다. 그들과 후손들은 여기에 머물렀으며, 이스마일(Ismail)이 카바(Kaaba)를 만들었다고 주장한다. 후손 중에는 쿠라이시(Quraysh) 부족이 있는데, 바로 무함마드가 속해있는 부족이다. 무함마드는 570년 메카(Mecca)에서 출생했다. 쿠라이시 부족은 무역을 주로 하였으며, 무함마드도 12살 때부터 삼촌을 따라 무역 일을 하였다. 알라(Allah)의 계시를 들은 무함마드는 예언자의 길을 걷게 되며 622년 메디나(Medina)로 이주하면서 이슬람을 창시한다. 메디나(Medina)에서 움마(Ummah)를 결성한다. 움마(Ummah)는 무슬림 공동체로 이슬람 사회의 근간이 되는 조직이다. 히자즈(Hijaz) 지역에 있는 중요도시와 건축물은 메카(Mecca)에 있는 카바(Kaaba)와 알 하람 모스크(Al-Haram moaque), 메디나(Medina)에 있는 알 나바위 모스크(Al-Nabawi mosque)이다.

샴(Sham) 지역은 고대 시리아(Syria)와 연관이 있다. 레반트(Levant)라고도 한다. 지중해(Mediterranean sea)의 동쪽 지역으로 현재는 이스라엘(Israel)과 팔레스타인(Palestine)이 있는 곳이다.

샴(Sham)은 천국 또는 하늘을 의미한다. 종교적으로는 노아(Noah)의 아들 샘(Shem)을 지칭하기도 한다. 시리아(Syria) 지역은 고대 그리스를 거쳐 로마 시대 때부터 본격적으로 문명화가 이루어진다. 고대 문명이 있던 지역답게 다양한 민족과 국가가 지배하였다. 이슬람 정통 칼리프 시대(Rashidun Caliphate) 때 당시 비잔틴 제국(Byzantine Empire)이 지배하고 있던 시리아(Syria) 지역을 정복하면서 이슬람 세력이 지중해 동쪽의 주인이 된다. 이후 시리아(Syria)는 이슬람의 최초 국가인 우마이야조(Umayyad Caliphate)의 중심 지역이 되며, 다마스쿠스(Damascus)는 수도가 된다. 샴(Sham) 지역에 있는 중요도시와 건축물은 예루살렘(Jerusalem)에 있는 알 아크사 모스크(Al-Aqsa mosque) 그리고 헤브론(Hebron)에 있는 이브라힘 모스크(Ibrahim mosque)가 있다.

1. Mecca와 Kaaba, Al-Masjid al-Haram(카바와 알 하람 모스크)

메카(Mecca)의 공식 명칭은 마카 알 무카라마흐(Makkah al-Mukarramah)이다. 바카(Bakkah)는 마카(Makkah)의 옛 명칭이다. 바카(Bakkah)는 폭이 좁다는 뜻인데, 도시가 계곡에 자리 잡고 있어서 붙여진 이름으로 생각된다.

예언자 무함마드가 태어난 곳이어서 이슬람에서는 가장 성스러운 도시이다. 마카 알 무카라마흐(Makkah al-Mukarramah)의 뜻도 메카(Mecca)는 성스럽다는 의미이다. 또한, 메카(Mecca)에는 카바(Kaaba)가 있는데, 이브라힘(Ibrahim)과 이스마일(Ismail)이 세운 것이다. 그래서 종교적으로도 중요한 도시이다.

건축물 중에는 알 하람 모스크(Al-Haram mosque)가 있다. 모스크(Mosque) 내부에 카바(Kaaba)가 있으며, 카바(Kaaba)는 모든 모스크(Mosque) 방향을 결정하는 역할을 한다. 이와 관련 있는 것이 키블라(Qibla)이며 모든 모스크(Mosque)의 키블라(Qibla)는 메카(Mecca)를 향해 있어야 한다.

1884년 메카(Mecca) 도시의 모습이다. 계곡 골짜기 사이로 도시가 형성되어 있는 모습을 볼 수 있다. 자연적인 지형을 따라 형성된 불규칙한 도로와 이에 맞춰 형성된 건물들이 보인다. 건물 대부분이 사각형 형태이고 중정이 있는 것을 알 수 있다.

 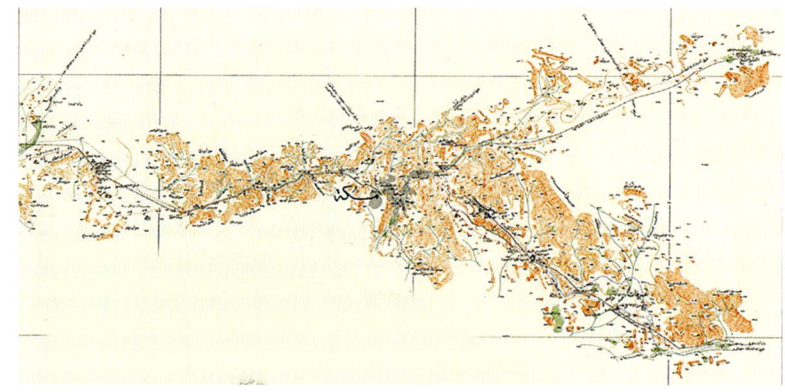

1915년 아라비아반도 지도이다. 아라비아반도에서 메카(Mecca)의 위치를 확인할 수 있다. 메카(Mecca)를 중심으로 4개의 방향으로 중요한 길이 지나가는 것을 볼 수 있다. 1942년 지도에서는 자연적인 지형을 따라 형성된 도시 모습을 볼 수 있다. 도시를 가로지르는 주요 도로는 외곽까지 이어지며 아라비아반도로 뻗어 나간다.

1845년 제작된 그림이다. 그림 중앙에 카바(Kaaba)와 모스크(Mosque)가 보이고 그 주변에 건물들이 모여 있는 모습이다. 도시 주변에 산과 계곡이 있어서 자연적으로 형성된 도시임을 알 수 있다.

메카(Mecca) 고지도로 당시 도시 조직(urban tissue)이 상세히 표현되어 있다. 불규칙한 배열을 보이는 도시 조직은 도시가 자연적으로 발생하여 발전한 도시임을 알 수 있다. 또한, 주요 도로를 따라 도시가 확장되고 있는 모습도 볼 수 있다.

최근의 메카(Mecca) 도시 조직 모습이다. 옆의 고지도와 비교했을 때 상당히 많이 도시가 확장된 것을 확인할 수 있다. 구도심 지역에 해당하는 도시 중심부는 여전히 불규칙한 모습이나, 도시 외곽지역은 계획된 도시 모습인 직선 형태의 도시 조직이 보인다.

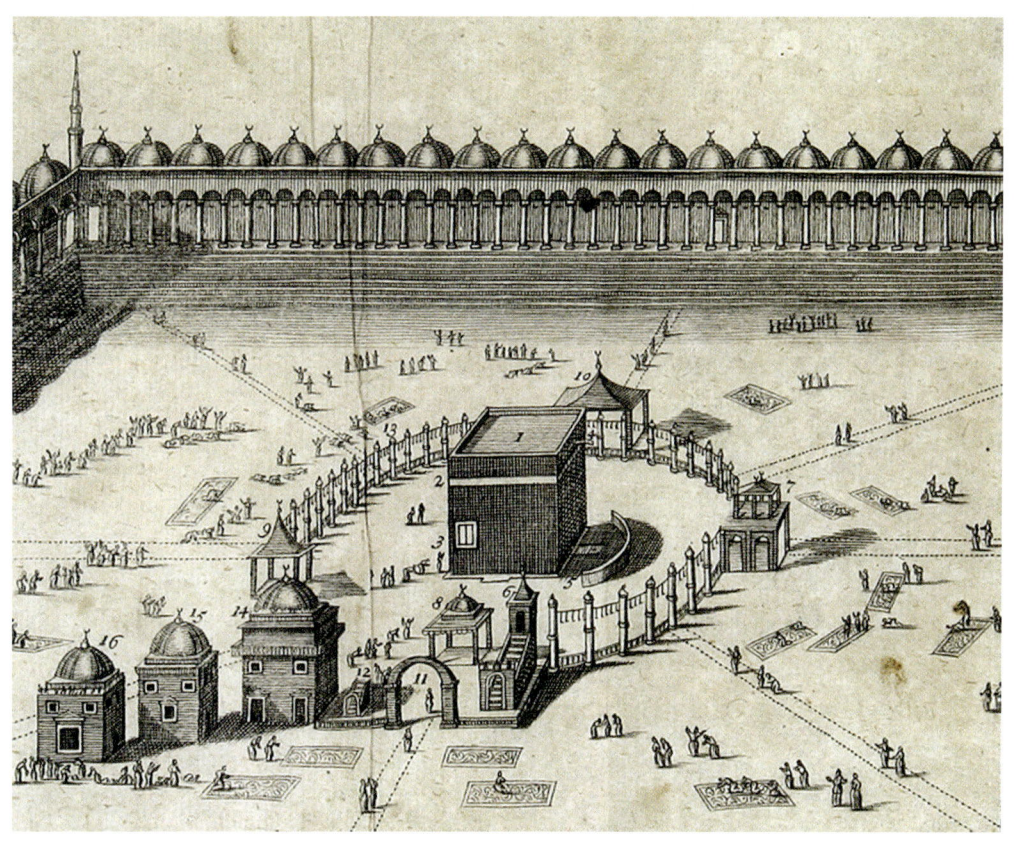

1746년 카바(Kaaba)와 모스크(Mosque)를 그린 삽화이다. 메카(Mecca) 주변에 울타리가 있는 모습은 지금과 사뭇 다르다. 또한, 무슬림이 양탄자 위에서 기도하는 모습도 이채롭다.

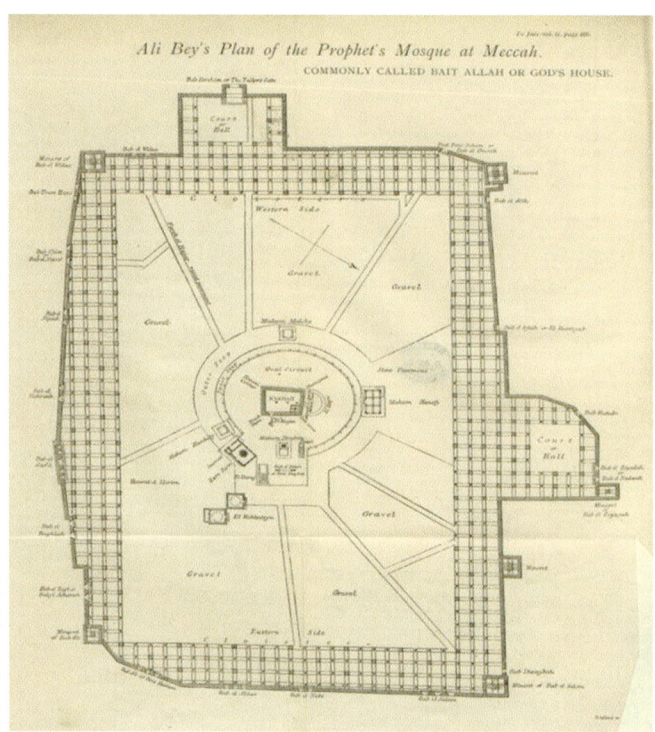

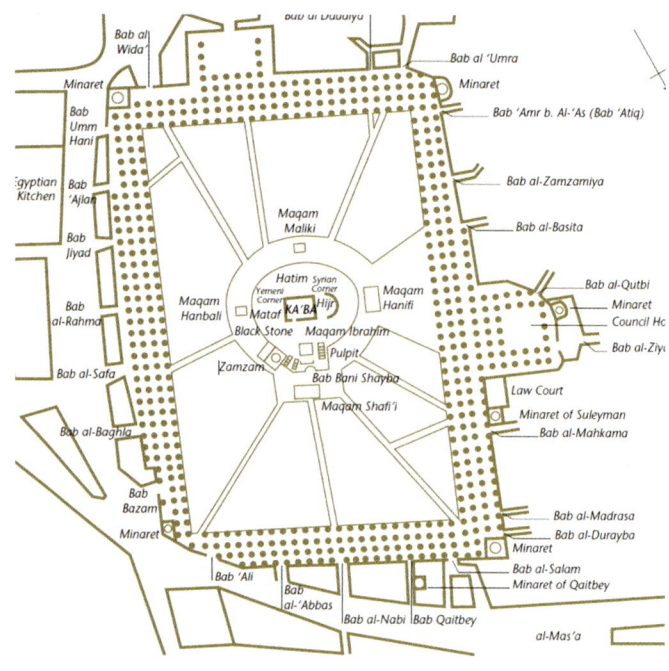

예언자 모스크(prophet's mosque) 또는 메카(Mecca) 모스크(Great Mosque of Mecca)라고도 한다. 1570년에 작성된 모스크(Mosque) 평면이다.

상세한 명칭을 표시한 평면이다. 밥(bab)은 출입문을 의미한다. 상당히 많은 출입문이 있는 것을 알 수 있다. 미나레트(Minaret)는 첨탑을 의미이다. 중요한 모서리에 첨탑이 있는 것이 보인다. 카바(Kaaba) 주위에 마캄(Maqam)이 있는데, 장소를 의미한다. 잼잼(Zamzam)은 오아시스 장소이다.

카바(Kaaba)와 모스크(Mosque)의 모습이다.

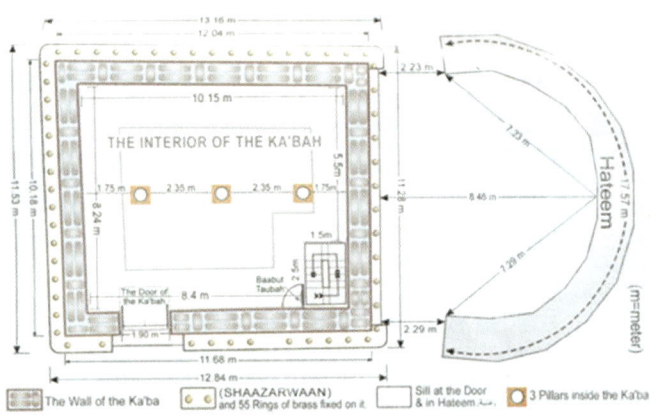

카바(Kaaba) 평면도이다. 11~13m 정도의 사각형으로 된 육면체이다. 출입구는 1개이며 내부에 3개의 기둥이 있고 계단이 있다. 들어가는 출입구 왼쪽 모퉁이에는 검은 돌이 있다. 카바(Kaaba) 옆에 반원 형태의 구조물이 있다. 하팀(Hateem) 또는 이스마일의 돌(Hijr-Ismail)이라고도 한다.

카바(Kaaba)를 둘러싼 순례자의 모습이다. 보통 검은 천으로 감싸고 있는데 주기적으로 교체해 준다.

모스크(Mosque)로 들어가는 출입구 중의 하나이다. 출입구 양쪽에 미나레트(Minaret)가 있어서 웅장함과 아름다움을 준다.

모스크(Mosque) 내부의 하람(Haram) 장소이다. 하람(Haram)은 금지된 또는 성스러운 장소라는 뜻으로 모스크(Mosque)에서는 예배를 보는 장소를 말한다. 건물에 알 하람(Al Haram)이 붙으면 성스러운 건물 또는 성지가 된다. 도시적인 측면에서 공공장소에 하람(Haram)이 붙으면 보호지역을 의미한다.

2. Medina와 Al-Masjid an-Nabawi(알 나바위 모스크)

아랍어로 알 마디나(Al-Madinah)라고 하며 뜻은 도시이다. 즉, 일반 명사 도시가 여기서는 가장 성스러운 도시라는 특별한 의미가 된다. 이슬람 이전에는 야트립(Yathrib)라는 명칭을 사용했다. 메디나(Medina)는 주변에 산과 들이 많지만 도시 자체는 사막의 오아시스 같은 역할을 했다.

야트립(Yathrib) 당시에는 유대교인(Judaism)과 그리스도교인(Christianity), 그리고 아랍인(Arab) 등 다양한 민족이 사는 무역 중심의 도시였다. 이슬람이 등장한 이후에는 무슬림이 지배 계층이 되었고 도시도 빠르게 이슬람화하였다.

중요한 건축물에는 무함마드에 의해 지어진 쿠바 모스크(Quba mosque), 알 키브라틴 모스크(Al-Qiblatain mosque), 알 나바위 모스크(Al-Nabawi mosque)가 있다. 이 중에서도 알 나바위 모스크(Al-Nabawi mosque)가 중요한데, 예언자 모스크(Prophet's Mosque)라고도 한다. 이 모스크(Mosque)는 예언자의 집(Prophet's house)이라고 하는 무함마드의 집 위에 지어진 모스크(Mosque)이다. 모든 이슬람의 시작이 예언자의 집에서 시작된 만큼 알 나바위 모스크(Al Nabawi mosque)는 역사 및 장소의 정통성 차원에서 보면 가장 성스러운 곳이라고 할 수 있다.

1913년 메디나(Medina) 도시 전경이다. 도시가 낮은 언덕을 따라 길게 형성된 것을 볼 수 있다. 중앙에 알 나바위 모스크(Al-Nabawi mosque)의 첨탑과 꿉바(Qubba, 둥근 형태의 돔)가 보인다.

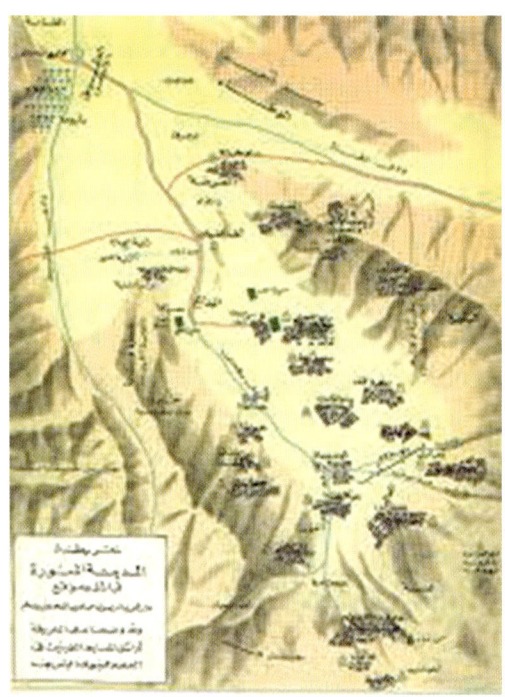

얕은 계곡 사이로 도시가 형성된 모습을 볼 수 있다. 계곡을 따라 도심에 모스크(Mosque)가 중앙에 위치하고 나머지 중요시설이 길게 늘어선 모습이다.

15세기에 묘사한 메디나(Medina)의 모습이다. 예언자의 집(Prophet's house)에 모스크(Mosque)를 세운 것을 볼 수 있다. 모스크(Mosque) 주변에 도시 모습이 보이며, 그림 뒤편에 히라 동굴(Cave Hira)이 묘사되어 있다.

1914년 안바리야흐(Anbariyyah) 문 근처의 대로와 도시 모습이다. 당시로써는 상당히 큰 대로이다. 중요 무역로임을 짐작할 수 있다.

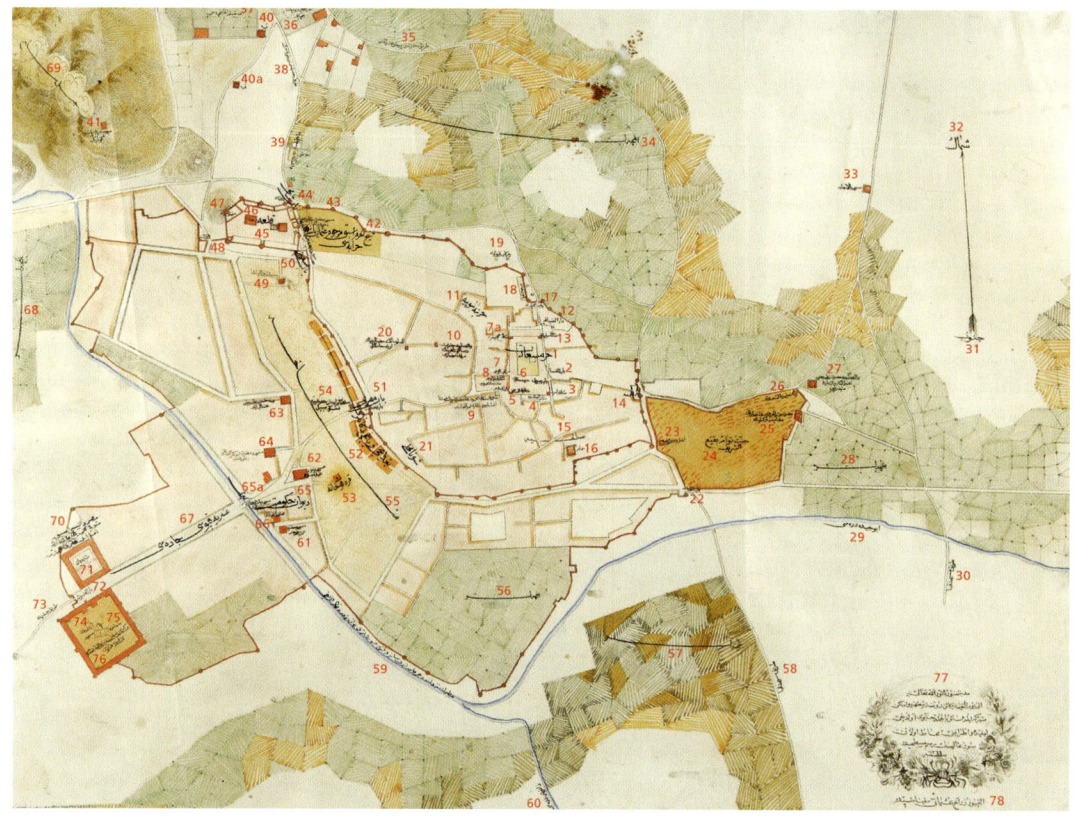

1852년 오스만 제국(Ottoman Empire) 때 만들어진 메디나(Medina) 지도이다. 양쪽 계곡보다는 가운데 평지를 중심으로 도시가 형성된 모습을 볼 수 있다. 자연적인 지형으로 인해 도시가 길게 형성된 모습이다.

19세기 오스만 제국(Ottoman Empire) 때 만들어진 알 나바위 모스크(Al Nabawi mosque)와 주변을 그린 그림이다. 모스크(Mosque)에 높이 솟은 첨탑이 모스크(Mosque)에 위엄을 준다. 왼쪽에 계곡이 보이고 도시가 계곡을 따라 형성된 모습을 표현하고 있다. 모스크(Mosque) 오른쪽 벽면에 수크(Souq, 상점)가 형성되어 있는 모습도 볼 수 있다.

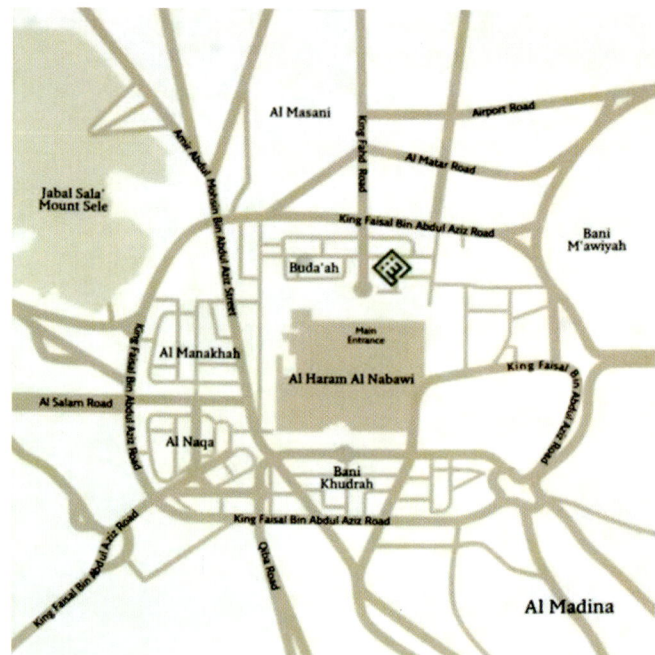 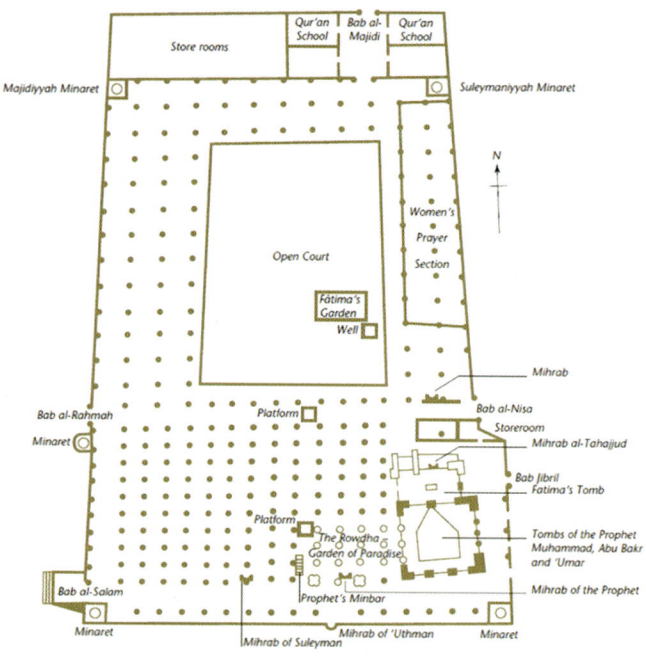

　메디나(Medina)는 이슬람의 최대 성지답게 알 나바위 모스크(Al-Nabawi mosque)가 도심 중심부에 있다. 주변에 몇 개의 구역이 있고 1차 순환도로가 있어서 성지로서의 구획이 확실하게 만들어진다. 이어서 도심이 형성되고 2차 순환도로가 도시의 경계를 만든다.

　알 나바위 모스크(Al Nabawi mosque)는 예언자의 집(Prophet's house) 위에 세워진 모스크(Mosque)이다. 예언자 시절부터 증축을 거듭하여 지금의 규모에 이르게 된다. 평면도는 1925년 당시 모스크(Mosque) 모습이다. 4개 모퉁이에 미나레트(Minaret)가 있고, 곳곳에 출입구(밥)가 존재한다. 우측 중앙에 끼블라 벽(Qibla wall)이 있고 여기에 미흐랍(Mihrab)과 민바르(Minbar)가 같이 있다.

알 나바위 모스크(Al Nabawi mosque) 전경. 계속된 확장으로 상당히 커졌다. 최근에도 계속해서 증축 계획이 이루어지고 있다.

1916년도 사진으로 주 출입구 중의 하나인 밥 알 살람(Bab al-Salam) 모습이다.

알 나바위 모스크(Al Nabawi mosque) 내부에 있는 미흐랍(Mihrab) 모습이다. 미흐랍(Mihrab)은 메카(Mecca)에 있는 카바(Kaaba)의 방향을 알려주는 벽감의 일종이다.

알 나바위 모스크(Al Nabawi mosque)에 있는 그린 돔(Green Dome)이다. 무함마드 묘 위에 있다. 1279년에 처음 만들었을 때는 목재로 만들었다. 하지만, 화재로 손실된 이후 여러 번의 복원을 거쳐 다시 만들어졌다. 현재 돔은 1818년에 만들어진 것이다.

3. Jerusalem과 Al-Aqsa Mosque(알 아크사 모스크)

예루살렘(Jerusalem)은 세계에서 가장 오래된 도시 중의 하나이지만, 종교적으로도 굉장히 중요한 장소이기도 하다. 유일신 종교 중 세계 3대 종교인 유대교(Judaism), 그리스도교(Christianity), 이슬람교(Islam) 모두가 이 도시와 연관되어 있다. 예루살렘(Jerusalem)에서 예루(Jeru)는 정착, 살렘(salem)은 황혼의 신을 의미한다. 그러므로 신의 정착한 곳이라는 뜻이며, 평화라는 의미를 담고 있다. 아랍어로 예루살렘(Jerusalem)은 알 쿠드(Al-Quds)이며 성스러운 성역이라는 의미가 있다.

예루살렘(Jerusalem)은 고대의 많은 도시가 바다 또는 강 주변에 있는 것과 달리 올리브 산(Mount Olives)과 스코푸스 산(Mount Scopus)을 포함한 유다 고원지대(Judaean Mountains)에 있다. 도시는 기원전 3000년 전경부터 존재했으며, 유대인들이 기원전 8세기경에 유다 왕국(Kingdom of Judah)을 세운 것으로 봤을 때 이미 상당한 세력이었음을 알 수 있다. 예루살렘(Jerusalem)은 많은 세력에 의해 침략, 파괴. 통치, 수복, 재건 등이 이루어졌다.

템플 마운틴(Temple Mount)을 중심으로 한 예루살렘(Jerusalem) 전경. 중앙에 바위의 돔(Rock of Dome)이 보인다. 도시 외곽은 성벽으로 둘러싸여 있는 것을 볼 수 있다.

로마 시대 때에는 그리스도교(Christianity)가 정식 종교가 되면서 그리스도교인(Christianity)이 예루살렘(Jerusalem)의 주요 지배층이 된다. 이후 이슬람 세력이 확장되면서 예루살렘(Jerusalem)의 주인은 다시 무슬림 세력으로 교체된다. 현재는 이스라엘(Israel)의 통치 아래에 있다.

알 아크사 모스크(Al-Aqsa mosque)는 템플 마운트(Temple Mount) 위에 세워져 있다. 알 아크사(Al-Aqsa)의 의미는 가장 먼 성원이라는 뜻이며 천국으로의 여행이라는 의미가 있다. 그래서 이슬람에서는 알 아크사(Al-Aqsa)는 고귀한 영역으로 생각한다. 현재의 기도 방향은 메카(Mecca)이지만, 이전에는 이곳이 기도 방향이었다. 또한, 이슬람 문헌에서는 예언자 무함마드가 부락(Buraq, 반인반수 동물)과 함께 템플 마운트(Temple Mount)까지 와서 기도했으며, 천사 지브릴(Jibril 또는 가브리엘(Gabriel))과 함께 천국을 여행했다고 주장한다.

알 아크사 모스크(Al-Aqsa mosque)는 2대 칼리프 우마르(Caliph Umar)에 의해 705년 건립되었다. 이후 여러 번의 증축과 재건을 통해 지금에 이르고 있다.

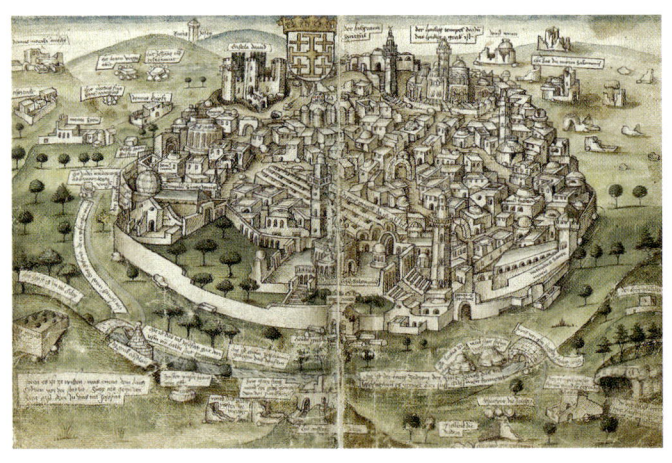

1487년 예루살렘(Jerusalem)을 그린 삽화이다. 예루살렘(Jerusalem)이 성벽으로 된 요새임을 알 수 있다. 첨탑이 곳곳에 있는 것이 보이며, 그림 앞쪽에 템플 마운틴(Temple Mount)이 묘사되어 있다. 성곽 외부는 내부보다 한산한 모습이다.

비잔틴(Byzantine) 시대의 예루살렘(Jerusalem) 모습이다. 중심에 있는 상업지역으로 도시가 깨끗하게 잘 정돈된 모습이다. 활기찬 도시 모습으로 당시에 상당히 부유한 도시였음을 알 수 있다.

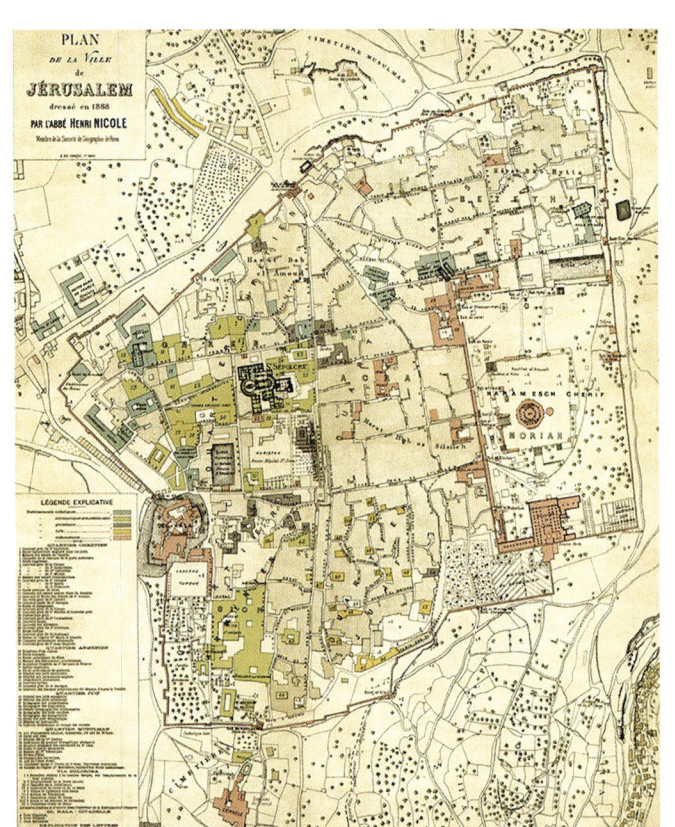

985년~1052년도 예루살렘(Jerusalem) 지도. 성벽으로 이루어진 도시 경계가 뚜렷하게 보인다. 또한, 아랍어가 적혀있는 것이 특이하다. 템플 마운틴(Temple Mount)은 하람 지역(Haram area)으로 표기되어 있다. 하람(Haram) 지역은 성스러운 지역이라는 의미가 있다.

1934년 예루살렘(Jerusalem) 도시 모습이다. 바위의 돔(Rock of dome) 사원이 보이고 주변에 많은 건물이 밀집한 모습이다. 다른 도시와 달리 둥근 모양의 지붕을 한 건물이 많다.

1837년 알 아크사 모스크(Al-Aqsa mosque)의 외부 테라스를 그린 그림이다. 높은 아치형 문과 정교하게 새겨진 이슬람식 장식이 이채롭다.

알 아크사 모스크(Al-Aqsa mosque) 내에 있는 미흐랍(Mihrab)과 민바르(Minbar) 모습이 있는 사진이다.

예루살렘(Jerusalem)의 최근 도시 전경 모습이다. 바위의 돔(Rock of Dome) 사원의 금빛 돔이 인상을 준다. 건물이 밀집한 구도심과 높은 건물이 있는 신도시가 대조되어 보인다.

알 아크사 모스크(Al-Aqsa mosque)의 외부 전경이다. 다른 모스크(Mosque)와 달리 주변에 아무것도 없다. 건물 외벽 역시 일반 모스크(Mosque)와는 다른 모습이다.

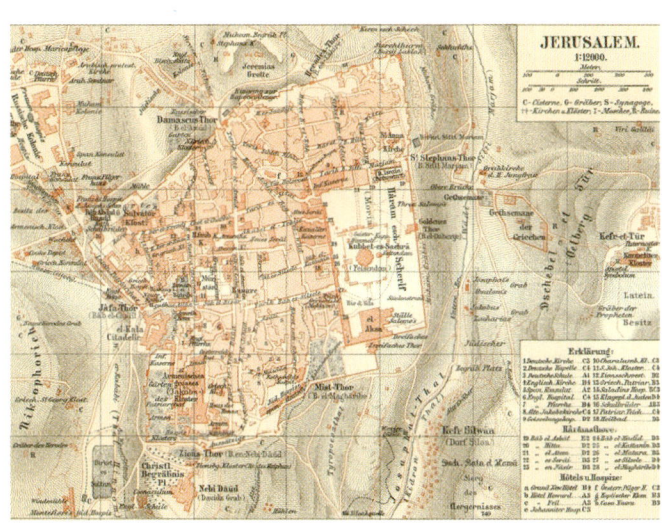

1894년과 1888년에 제작된 지도이다. 도시 가로망과 도시 조직을 볼 수 있다.

4. Hebron과 Ibrahimi Mosque(이브라힘 모스크)

헤브론(Hebron)에서 hbr의 어원은 친구, 동료를 뜻한다. 그래서 헤브론(Hebron)은 동맹(partnership)을 의미한다. 이슬람에서는 아랍어로 헤브론(Hebron)을 칼릴 알 라흐만(Khalil al-Rahman)이라고 하며 의미는 신의 친구이다. 가나안 시대(Canaanite period, 17th□18th BCE 추정) 때부터 도시로서의 면모를 갖춘 것으로 보고 있다.

이브라힘(Ibrahim)이 가족과 정착한 곳이 헤브론(Hebron)이며, 그 자손들이 도시를 통치했다. 헤브론(Hebron)은 유대인들이 정착해서 살았고, 경제적으로 중요한 위치여서 무역이 발달하였다. 여러 정치 세력에 의해 부침하던 도시는 결국 로마제국의 지배를 받는다. 로마제국이 동서로 분열되면서 이후에는 비잔틴 제국(Byzantine Empire)의 영향력 아래 놓이게 된다. 이슬람 세력이 확장하면서 예루살렘(Jerusalem)과 함께 헤브론(Hebron)도 이슬람의 지배를 받게 되고 이슬람 도시로 변모하기 시작한다.

1910년 헤브론(Hebron) 도시 전경이다. 언덕이 계속 이어지는 경사진 곳이 많다. 도시도 자연 지형을 따라 자연스럽게 형성되었다.

십자군 전쟁(Crusades)으로 다시 그리스도교(Christianity) 세력으로 들어간 헤브론(Hebron)은 십자군 왕국(Crusader Kingdom)의 수도가 된다. 십자군 전쟁(Crusades) 후 이슬람은 헤브론(Hebron)을 다시 지배하였다. 오스만 제국(Ottoman Empire)까지 헤브론(Hebron)을 지배한 이슬람 세력은 1917년 영국군이 들어오면서 유대교인(Judaism)이 차츰 세력을 넓혀갔으며 1967년 도시 전체가 이스라엘(Israel) 통치하에 놓이게 된다.

현재는 동서 지역으로 도시가 나누어져 있으며, 서쪽은 팔레스타인(Palestine), 동쪽은 이스라엘(Israel)이 관리하고 있다.

건축물 중에서 이슬람과 관련된 것 중에는 알 이브라힘 모스크(Al-Ibrahim Mosque)가 있다. 족장의 동굴(Cave of the Patriarchs)이라고도 한다. 이곳은 로마의 헤롯 왕(Herod the Great, BCE 74~ BCE 4, King of Judea)이 세운 건축물로 원래 족장들의 무덤이었다. 비잔틴 제국(Byzantine Empire) 시대 때 대성당이 되었으며 중요한 순례지 중의 하나가 되었다. 637년 이슬람이 도시를 정복하면서 모스크(Mosque)로 변신하였다. 무슬림은 이곳을 이브라힘(Ibrahim)의 성역으로 생각하고 있다.

아브라함의 참나무(Abraham's Oak)를 묘사한 1885년 그림이다. 마므레 참나무(Oak of Mamre)라고도 한다. 헤브론(Hebron) 근처에 있다. 아브라함의 아내 사라가 임신할 것을 세 명의 천사를 통해 듣는데, 그 장소가 바로 여기이다.

구스타브 도레(Gustave Dore)가 목각으로 만든 판화로 사라의 장례식(Burial_of_Sarah) 장면이다. 사라는 아브라함의 아내이자 이삭(Isaac)의 어머니이다.

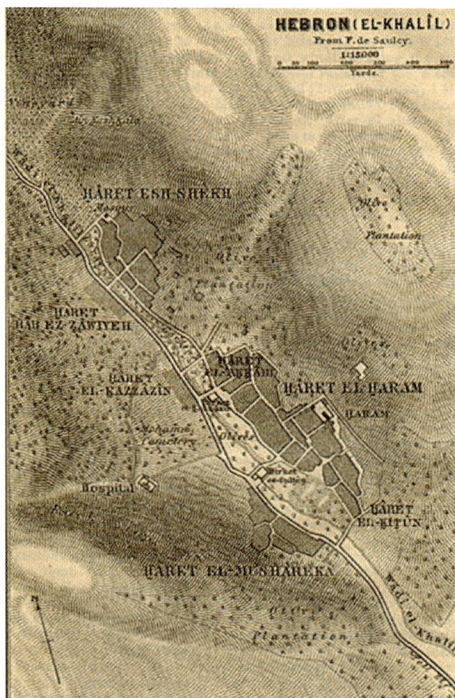

1912년 헤브론(Hebron) 지도이다. 도시 양쪽에 계곡이 있고 도시 가운데 주요 도로가 지나가는 것을 볼 수 있다. 도시는 중앙의 길을 따라 길게 형성되는 것을 볼 수 있다.

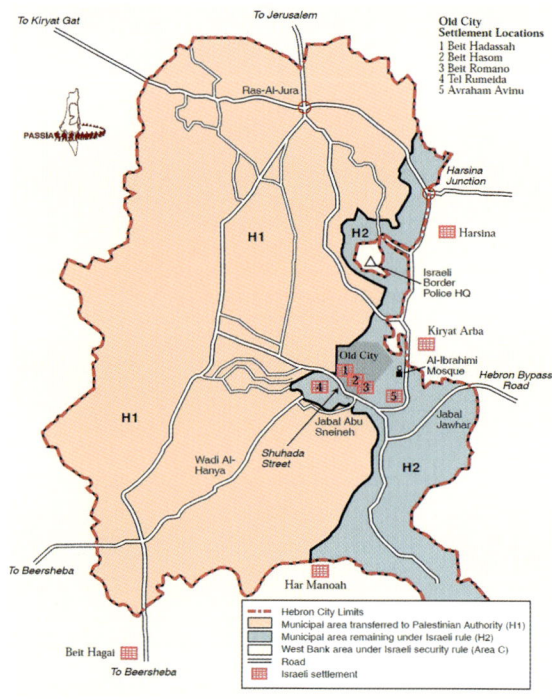

헤브론(Hebron)은 현재 두 개의 지역으로 나누어져 있다. 좌측은 팔레스타인(Palestine), 우측은 이스라엘(Israel)이 통치하고 있다. 구 도심 지역은 현재 이스라엘(Israel) 관리 구역에 자리 잡고 있다.

1960년대 헤브론(Hebron) 도시 모습이다. 중앙의 큰 도로가 지나가고 경사진 계곡을 따라 건물이 세워진 것을 볼 수 있다.

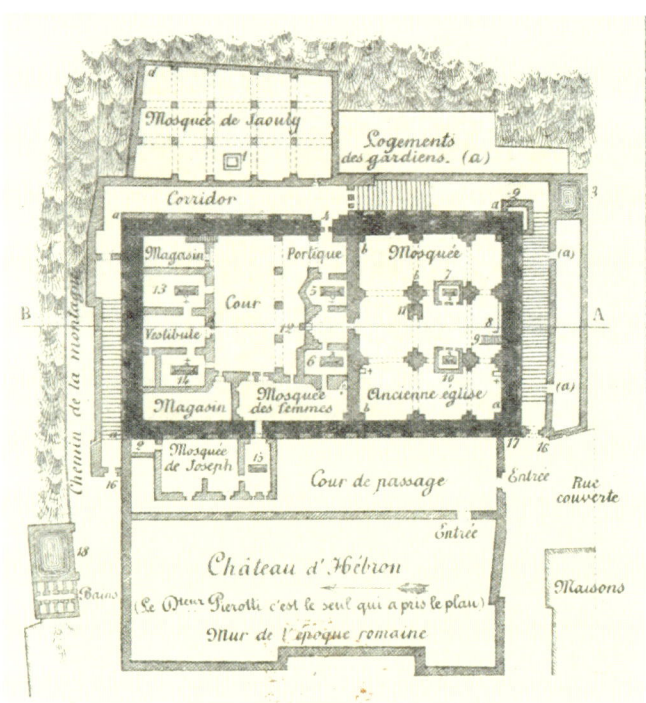
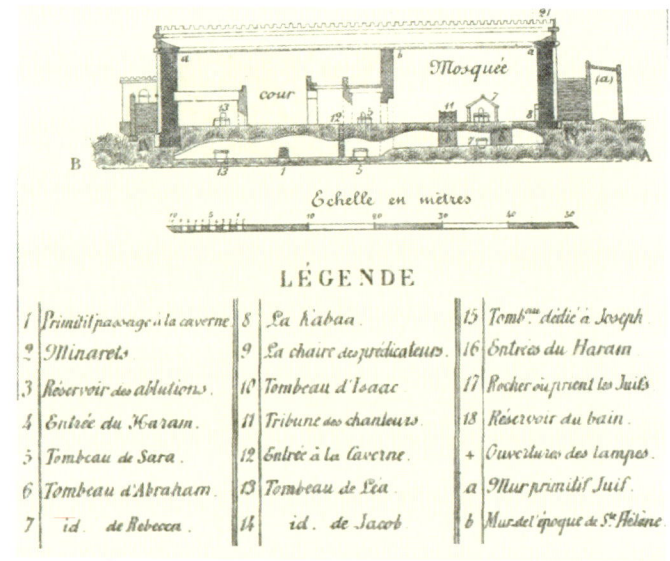

　1881년에 제작된 이브라힘 모스크(Ibrahim mosque) 평면도이다. 아브라함, 사라, 이삭 등의 묘가 있다. 사각형 형태의 건축물로 계단을 통해 진입할 수 있다. 여기서 유대교인(Judaism)은 왼쪽 구역을 무슬림은 오른쪽 구역으로 들어가야 한다. 두 종교가 각각 분리해서 관리하고 있다. 그래서 아브라함, 사라의 묘는 유대교(Judaism)가, 이삭의 묘는 이슬람교가 각각 나누어서 관리한다.

1911년 이삭의 묘 사진이다. 묘 옆에 미흐랍(Mihrab)과 민바르(Minbar)가 보인다.

모스크(Mosque) 내부에 있는 돔의 내부 모습이다. 무까르나스 (Muqarnas) 조각과 돔을 통해서 들어오는 빛이 잘 어울린다.

모스크(Mosque) 내부에 있는 민바르(Minbar) 모습이다.

이브라힘(Ibrahim) 모스크의 외부 전경이다.

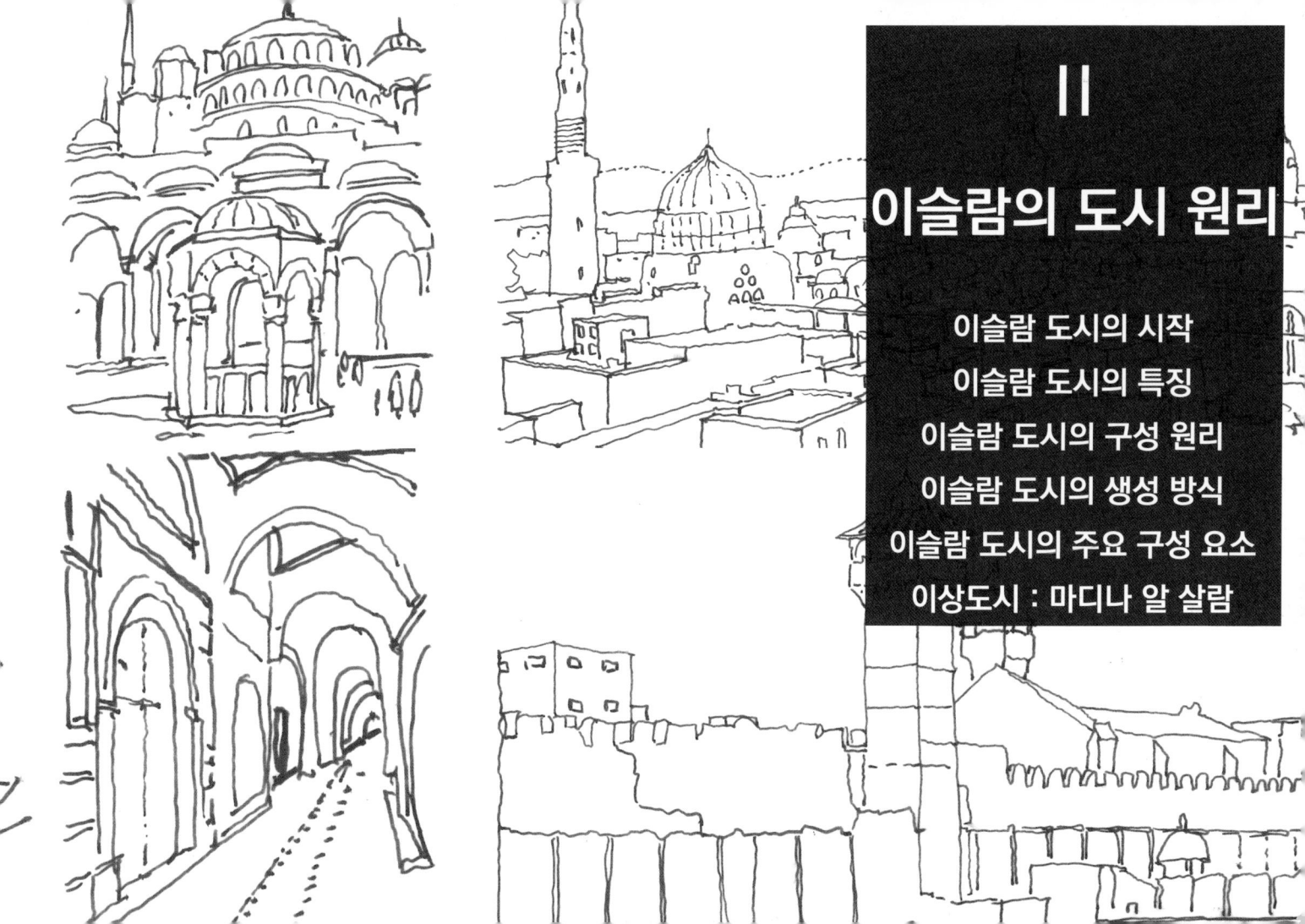

II
이슬람의 도시 원리

이슬람 도시의 시작
이슬람 도시의 특징
이슬람 도시의 구성 원리
이슬람 도시의 생성 방식
이슬람 도시의 주요 구성 요소
이상도시 : 마디나 알 살람

04

이슬람 도시의 시작

메카(Mecca)는 무함마드가 태어난 도시로서 이슬람 도시에서 가장 중요한 도시이다. 종교적으로도 무함마드의 자취와 업적이 남아 있는 도시이며 무함마드의 영향을 가장 많이 받은 도시이다. 정통 칼리파 시대(Rashidun Caliphate) 때 수도이다. 메디나(Medina)는 무함마드가 히즈라(Hijirah) 이후 종교적으로, 정치적으로 많은 업적을 쌓은 도시이다. 역시 정통 칼리파 시대(Rashidun Caliphate) 때 수도이다. 이들 도시는 기존의 도시가 발전하여 이슬람화한 경우이다. 다마스쿠스(Damascus)는 이슬람 최초의 국가인 우마이야조(Umayyad Caliphate)의 수도이며 이슬람과 무함마드의 종교적 이념과 기준을 적용한 도시이다. 기존의 도시에 이슬람 도시 개념을 접목한 경우이다. 바그다드(Baghdad)는 압바스조(Abbasid Caliphate) 때 아라비아반도를 벗어나서 페르시아 지역에 세운 최초의 수도이다. 또한, 기존 이슬람 도시와 달리 신도시를 계획적으로 세운 계획도시다. 카이로(Cairo)는 파티미조(Fatimid Caliphate)의 수도로써 아프리카에 세운 최초의 수도이다. 기존 도시도 없이 완전히 새로운 지역에 도시를 만든 경우이다.

이슬람은 메디나(medina)에서 히즈라(Hijirah)를 통해서 시작한다. 메디나(Medina)는 이슬람 이전에 기원전 6세기경부터 야트립(Yathrib)로 알려져 있었으며, 오아시스 도시라고 했다. 야트립(Yathrib)에는 많은 그리스도교인(Christianity)과 유대교인(Judaism)이 살고 있었는데, 3세기경에 로마와 기독교 간의 전쟁이 한창일 때 정착하였다.

7세기에 무함마드가 도착한 이후 무슬림이 늘어나면서 점차 이슬람 도시로 발전하기 시작했다. 무함마드의 집이 모스크(Mosque)가 되면서 모스크(Mosque)가 도시 중심지가 되었다. 메디나(Medina)는 대표적인 이슬람 성지가 되었다. 이후 메디나(Medina)의 모스크(Mosque)를 중심으로 하는 도시 구성 방식은 이슬람 도시의 전형이 된다.

정복한 모든 도시에서 이슬람 방식을 일률적으로 적용하기에는 어려움이 있었다. 기존 도시를 구성하고 있는 역사, 사회, 경제, 문화, 민족 등이 다르고 특히, 종교적인 차이는 쉽게 해결할 수 있는 문제가 아니었다. 그런데도 이슬람 도시는 이슬람 초기에 이슬람의 종교적인 사상, 예언자 무함마드의 언행, 꾸란(Quran)의 계시와 내용, 그리고 예언자의 집(Prophet's house)을 토대로 몇 가지 규칙을 만들었고, 시대를 거치면서 이슬람만의 독특한 도시와 건축을 만들게 된다.

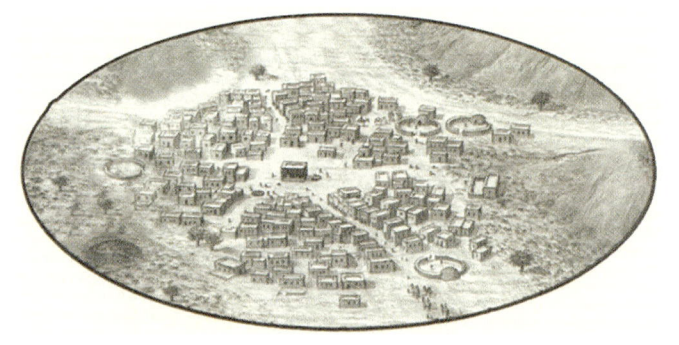 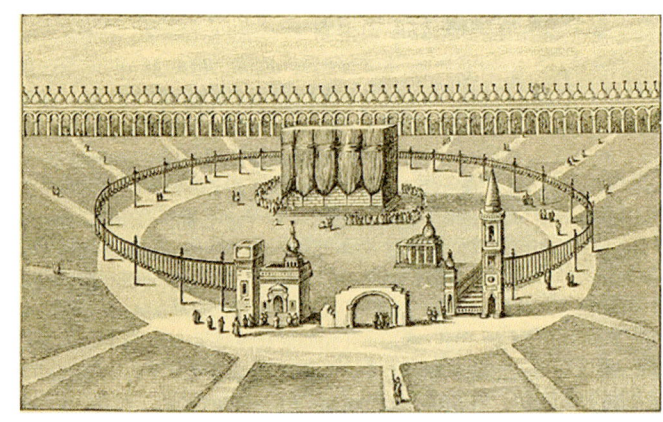

메카(Mecca) 도시의 초기 모습을 묘사한 그림이다. 카바(Kaaba)를 중심으로 도시가 형성되어 있는 모습이다. 주변에 산과 계곡을 따라 자연적으로 형성된 모습을 보여 주고 있다. 이슬람의 대표적인 도시 모습이라고 할 수 있다.

주변에 있었던 다른 종교의 우상들을 제거하고 카바(Kaaba)를 정비하였다. 도시의 가장 중요한 요소가 되면서 이를 중심으로 마을이 형성되었다.

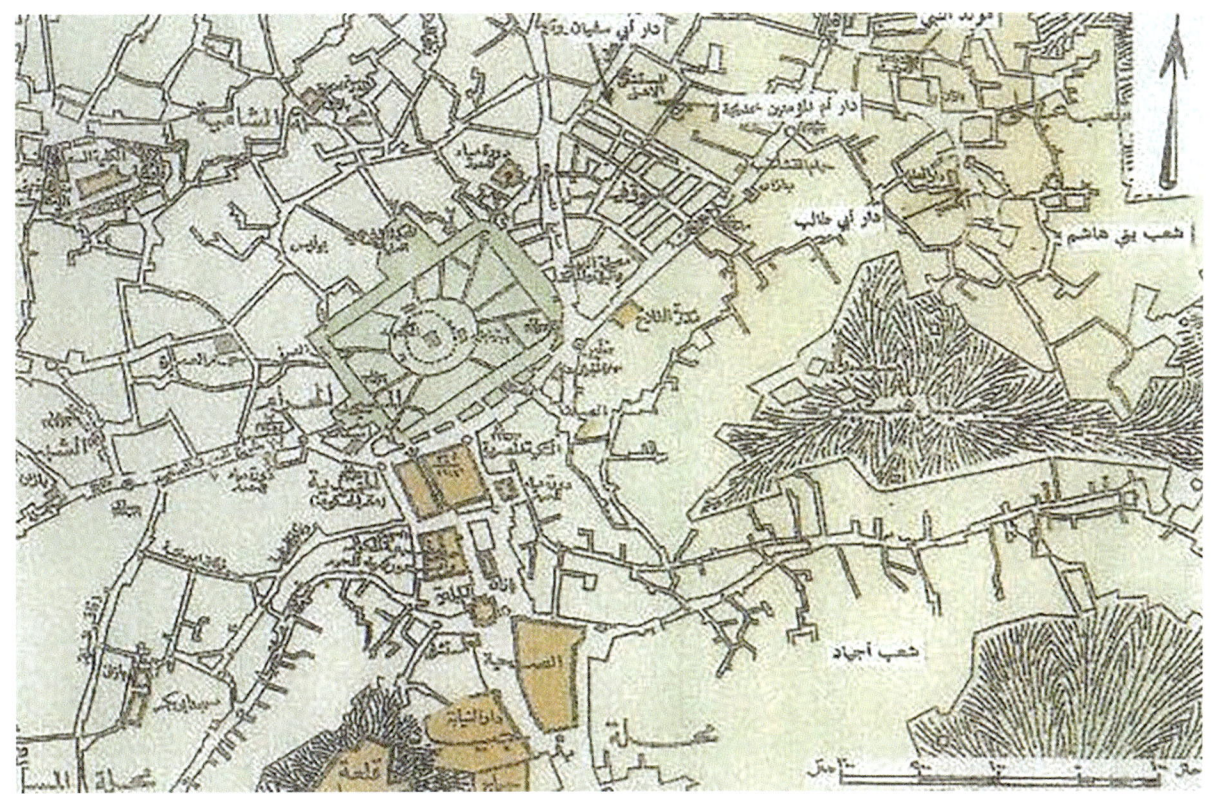

카바(Kaaba)를 중심으로 도시가 형성되었지만, 자연을 그대로 두고 도시가 발전하면서 불규칙한 도시 조직이 만들어졌다.

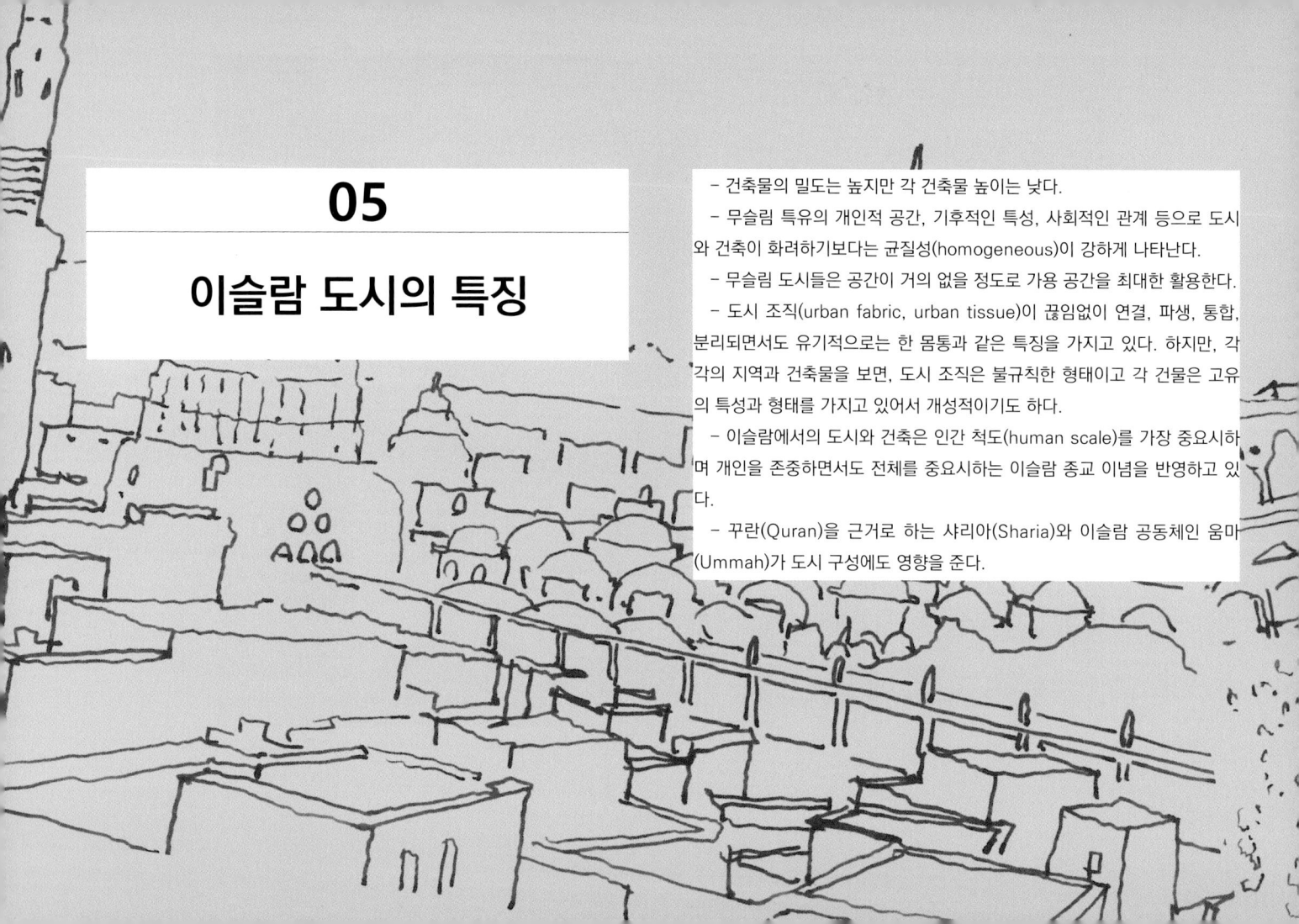

05
이슬람 도시의 특징

- 건축물의 밀도는 높지만 각 건축물 높이는 낮다.
- 무슬림 특유의 개인적 공간, 기후적인 특성, 사회적인 관계 등으로 도시와 건축이 화려하기보다는 균질성(homogeneous)이 강하게 나타난다.
- 무슬림 도시들은 공간이 거의 없을 정도로 가용 공간을 최대한 활용한다.
- 도시 조직(urban fabric, urban tissue)이 끊임없이 연결, 파생, 통합, 분리되면서도 유기적으로는 한 몸통과 같은 특징을 가지고 있다. 하지만, 각각의 지역과 건축물을 보면, 도시 조직은 불규칙한 형태이고 각 건물은 고유의 특성과 형태를 가지고 있어서 개성적이기도 하다.
- 이슬람에서의 도시와 건축은 인간 척도(human scale)를 가장 중요시하며 개인을 존중하면서도 전체를 중요시하는 이슬람 종교 이념을 반영하고 있다.
- 꾸란(Quran)을 근거로 하는 샤리아(Sharia)와 이슬람 공동체인 움마(Ummah)가 도시 구성에도 영향을 준다.

이슬람 도시는 기존의 자연적인 지형은 가능한 한 그대로 둔다. 자연에 최대한 순응하며 필요한 부분만 최소한으로 활용한다. 도시를 계획하고 개발하는 데는 많은 시간과 비용이 필요하기도 하지만 유목민으로서의 특징이 반영된 측면도 있다. 초기 무슬림의 대부분은 유목민이었다. 유목민은 계속해서 움직이며 생활하는 데 자연의 영향을 많이 받는다. 그래서 자연에 순응하며 자연의 법칙을 어기는 행동은 하지 않는다. 이러한 생활 방식이 대대로 내려오면서 하나의 사상으로 발전하고 생활에 반영된다. 유목 생활을 더 이상하지 않아도 기본적인 철학은 바뀌지 않았다. 이러한 사상이 이슬람 도시에 반영된다. 또 다른 특징은 종교 생활과 관련된 것이다. 이슬람에서 가장 중요한 것은 기도이다. 기도는 무슬림의 다섯 기둥(arkan al-Islam, Five Pillars of Islam) 중의 하나이다. 그래서 이슬람에서는 모스크(Mosque)를 도시 중심에 위치하게 하여 무슬림이 접근하기 좋게 한다. 도시 중심에 있는 모스크(Mosque)는 강한 상징성을 보여 주는데, 이슬람 도시라는 것을 알리는 역할을 한다. 이슬람에서는 공적인 영역과 사적인 영역은 확실하게 구분한다. 그래서 이슬람에서는 공공시설과 주거시설을 분리하는 것이 일반적이다. 이슬람 사회와 문화적인 특징이 반영된 것이다. 좁고 구불구불한 길을 미로처럼 만들어서 주거지역을 공적인 공간으로부터 분리한다. 가능하면 남녀공간도 분리한다. 이러한 도시 구성은 샤리아(Sharia, Islamic Law)를 반영하는 결과이다. 샤리아는 이슬람의 종교법으로 꾸란(Quran)을 근간으로 하고 있다.

이슬람은 종교적인 관점을 넘어 전통적으로 혈통과 부족을 중요시한다. 이것은 오랜 유목 생활과도 연관이 있다. 무슬림 이전에 유목인이기도 했기 때문에 전통적인 생활 방식도 중요했다. 이슬람 공동체인 움마(Ummah)가 비슷한 역할을 한다. 움마(Ummah)는 전통적인 부족 관계와 종교적인 역할을 공동체 형식으로 운영한다. 유목 생활을 떠나 도시인이 된 후에도 같은 부족끼리 모여 살면서 공동체를 형성한다. 그러므로 구역별로 움마(Ummah)같은 공동체가 형성되고 공동체로 인한 사회적인 분리(segregation)와 교류(aggregation)가 일어나게 된다. 도시는 성벽에 의해 둘러싸이게 되며 몇 개의 중요 문(Bab)으로 출입할 수 있다. 성벽은 유럽과 다르게 전쟁과 보호를 위한 성벽이기보다는 도시의 경계를 표시하는 기능이 강하다. 이슬람 군대는 낙타를 타고 들판에서 싸우는 게 일반적이다. 십자군 전쟁(Crusades) 때 이슬람 군대가 초반에 고전했던 원인 중의 하나가 공성전(siege warfare)에 대한 개념이 없었던 것이 하나의 이유이기도 하다. 지도자는 궁전(Casbah or Qasr)을 가지고 있었으며 도시 내에서 한 지역을 차지하고 있다. 궁정 내에는 모스크(Mosque), 사무실, 주거 공간을 형성하여 자치적인 생활이 가능하였다. 이슬람 도시의 중심에는 모스크(Mosque)가 있으며, 주변에서 수크(Souq)와 바자르(bazaar)같은 상업시설이 있다. 종교와 경제가 같이 공존하는 구조이다. 마드라사(madrasa, 종교학교)는 모스크(Mosque)와 같이 있거나, 주변에 위치한다. 종교, 교육, 경제가 한 구역 모여 있는 경우에는 도시에서의 영향력이 막강하다. 당연히 도시의 도심이 된다.

주거지역은 공공시설과 분리되지만, 같은 부족 또는 혈통끼리는 원활하게 소통할 수 있는 구조로 발전한다. 미로 형태의 길은 외부 사람들에게는 폐쇄적이지만, 거주자들에게는 자신들끼리 자유롭게 소통을 할 수 있게 해준다. 골목 초입에는 지위가 낮은 사람들이 살며 깊이 들어갈수록 신분이 높아진다. 움마(Ummah)에서는 공동체를 이끄는 지도자의 권위가 중요하며 구성원들은 지도자를 절대적으로 따라야만 한다. 일종의 위계질서가 있는 것이다. 이러한 개념이 주거지역의 계층 도시 구조(hierarchy urban structure)로 반영된 것이다.

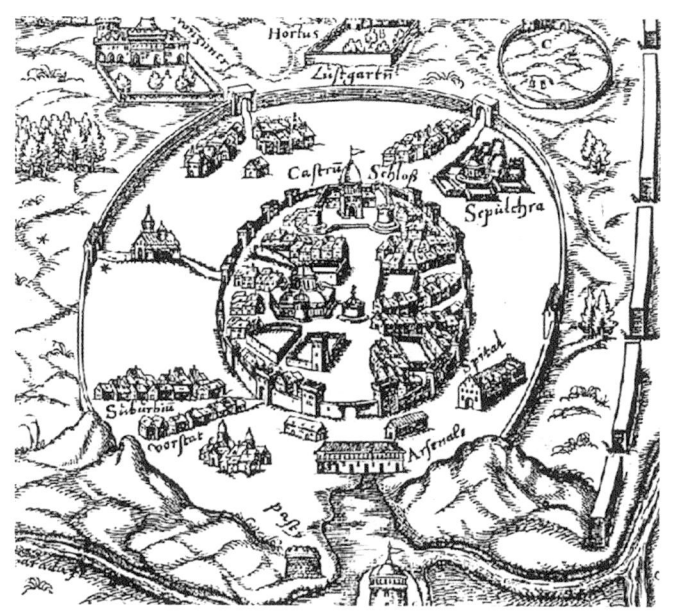 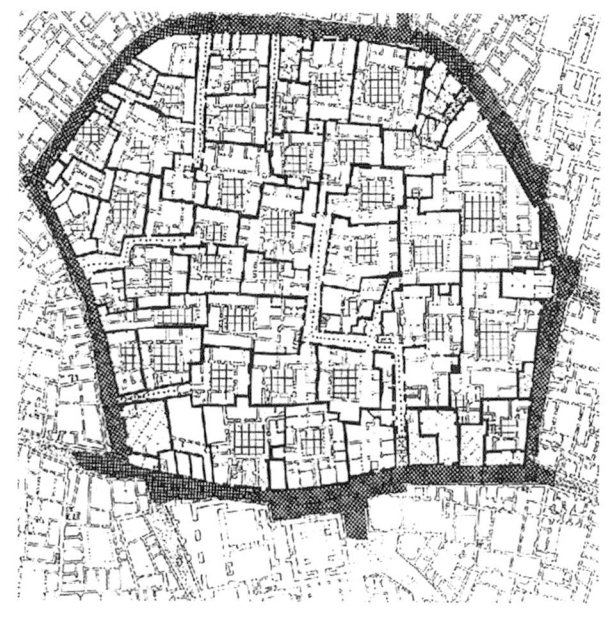

초기 튀니지(Tunis) 도시의 모습이다. 무역을 중심으로 하는 전형적인 이슬람 도시 모습이다. 도시 중심에 사원이 있고 그 주변에 공공시설, 상업 및 주거시설이 있다. 주요 도로에는 무역과 관련된 건물들이 길을 따라 세워진 모습을 볼 수 있다.

튀니지(Tunis)의 주거지역의 모습이다. 미로같이 불규칙한 길이 연속적으로 이어진다. 지역 내에서 거의 공간이 없이 모든 건물이 세워진 것을 볼 수 있다.

카이로(Cairo) 구도심 지역인 파티미드 구역(Fatimd quartier)이다. 성벽으로 도시가 한정되어 있고 가운데 주요 도로가 있다. 다른 도시와 다르게 주요 도로에 여러 개의 모스크(Mosque)가 있다. 각 모스크(Mosque)를 중심으로 상업시설과 주거시설이 분포한다. 단일 도심이 아닌 다중 도심 형태를 하고 있다.

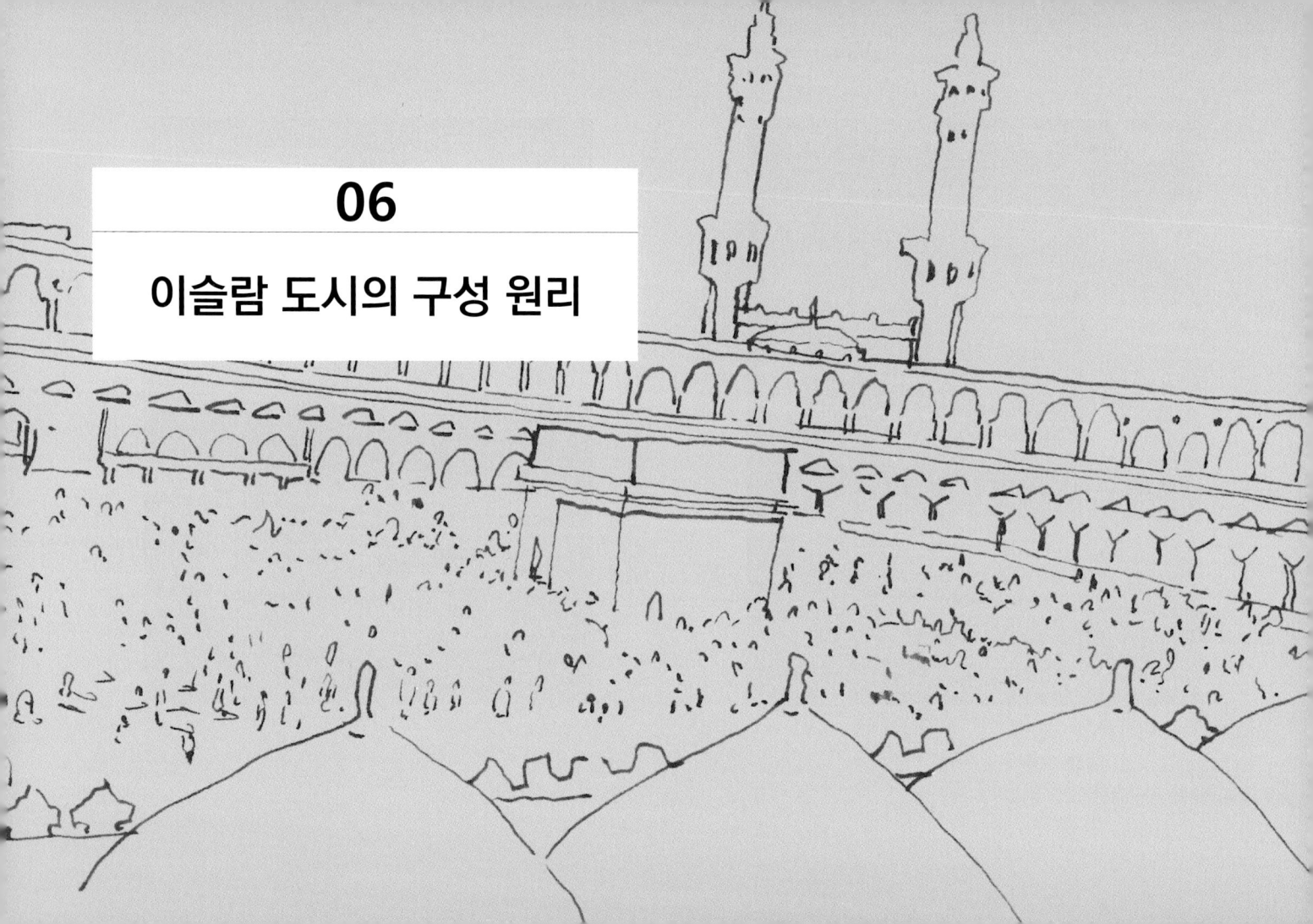

06
이슬람 도시의 구성 원리

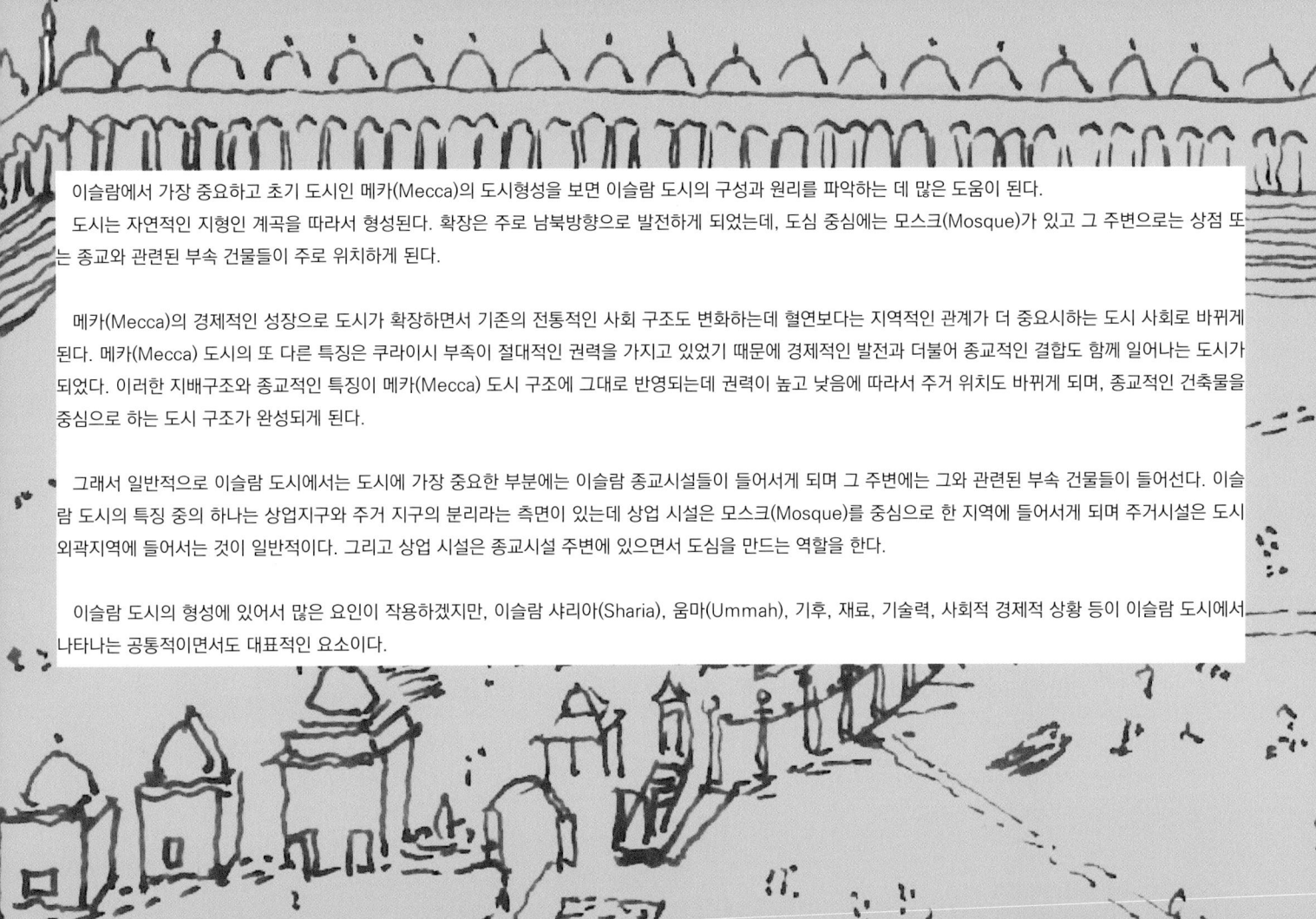

이슬람에서 가장 중요하고 초기 도시인 메카(Mecca)의 도시형성을 보면 이슬람 도시의 구성과 원리를 파악하는 데 많은 도움이 된다.

도시는 자연적인 지형인 계곡을 따라서 형성된다. 확장은 주로 남북방향으로 발전하게 되었는데, 도심 중심에는 모스크(Mosque)가 있고 그 주변으로는 상점 또는 종교와 관련된 부속 건물들이 주로 위치하게 된다.

메카(Mecca)의 경제적인 성장으로 도시가 확장하면서 기존의 전통적인 사회 구조도 변화하는데 혈연보다는 지역적인 관계가 더 중요시하는 도시 사회로 바뀌게 된다. 메카(Mecca) 도시의 또 다른 특징은 쿠라이시 부족이 절대적인 권력을 가지고 있었기 때문에 경제적인 발전과 더불어 종교적인 결합도 함께 일어나는 도시가 되었다. 이러한 지배구조와 종교적인 특징이 메카(Mecca) 도시 구조에 그대로 반영되는데 권력이 높고 낮음에 따라서 주거 위치도 바뀌게 되며, 종교적인 건축물을 중심으로 하는 도시 구조가 완성되게 된다.

그래서 일반적으로 이슬람 도시에서는 도시에 가장 중요한 부분에는 이슬람 종교시설들이 들어서게 되며 그 주변에는 그와 관련된 부속 건물들이 들어선다. 이슬람 도시의 특징 중의 하나는 상업지구와 주거 지구의 분리라는 측면이 있는데 상업 시설은 모스크(Mosque)를 중심으로 한 지역에 들어서게 되며 주거시설은 도시 외곽지역에 들어서는 것이 일반적이다. 그리고 상업 시설은 종교시설 주변에 있으면서 도심을 만드는 역할을 한다.

이슬람 도시의 형성에 있어서 많은 요인이 작용하겠지만, 이슬람 샤리아(Sharia), 움마(Ummah), 기후, 재료, 기술력, 사회적 경제적 상황 등이 이슬람 도시에서 나타나는 공통적이면서도 대표적인 요소이다.

1. 이슬람 샤리아(Sharia)

샤리아(Sharia)는 이슬람의 종교적인 법을 의미한다. 꾸란(Quran)과 하디스(Hadith)의 내용을 기반으로 만들어진 것이다. 샤리아(Sharia)는 무슬림의 삶에 대한 종교적인 규범과 법을 제시하는 것으로 같은 국가 내에서의 비 무슬림에게는 적용되지 않는다. 그러므로 국가 차원의 공식적인 법은 아니지만, 무슬림에게는 법과 같은 역할을 하며 법보다는 정의에 가깝다고 할 수 있다.

샤리아(Sharia)는 무슬림의 종교적인 생활과 실생활에서 지켜야 할 규범까지 상세하게 정하고 있다. 예를 들면 가족을 보호하고 부양해야 하는 의무, 자녀의 교육에 대한 의무, 청결, 예배 등 종교적인 의무 이웃 등의 사회적인 관계와 의무 등이 있다.

샤리아(Sharia)에 의해 사회적인 질서와 관계가 만들어지고, 이를 반영한 도시 구성이 만들어지게 된다.

2. 움마(Ummah)

본격적으로 움마(Ummah)가 활성화된 것은 무함마드가 메디나(Medina)로 이주하면서부터이다. 원래 움마(Ummah)는 부족과 혈연관계로 결성된 공동체이다. 메디나(Medina)에서 무함마드는 부족과 혈연만으로는 이슬람을 전파하는 데 한계가 있었다. 그래서 움마(Ummah)를 종교적인 공동체로 의미를 확장했다. 꾸란(Quran)에서는 신성한 종교적인 공동체로 정의한다. 움마(Ummah)의 일원은 본인이 속한 공동체의 규범과 체계를 따라야만 한다. 공동체에서의 위계질서는 확실하다. 부족, 혈연 그리고 종교적으로 결합한 상태에서 독자적인 행동은 많은 제약이 따른다. 이러한 사회적인 상황이 도시 내에서도 그대로 반영된다. 특히 주거지역 같은 실생활과 밀접한 환경에서는 공동체를 유지하기 위해서라도 더욱 엄격하게 적용되는 경우가 많다.

3. 기후

대부분의 초기 이슬람 지역은 건조하고 온도가 높은 지역이 많았다. 물론 지중해에 접해 있어서 기후 상태가 상대적으로 좋은 곳도 있지만, 사막이나 초원 지대가 대부분이었다. 그러므로 초기 이슬람 도시와 주거에서는 덥고 메마른 기후에 적합하게 만들려는 흔적을 볼 수 있다. 예를 들면 주택에서는 중앙에 중정을 두고 주위에 높은 벽을 세워서 빛과 열이 들어오는 것을 최대한 차단하고 공기를 순환시키려는 형태를 볼 수 있다. 또한, 집안에 연못을 두어 습도를 조절하고 마샤비야(Mashrabiya) 같은 창문을 만들어서 집안 온도를 조절하기도 했다.

도시적으로는 가능하면 자연적인 지형을 최대한 활용하여 기후적인 변화를 주지 않으려고 했다. 또한, 광장을 만들어서 공기를 순환시키고 정원을 만들어서 습도를 조절하였다.

4. 재료

무슬림이 사는 지역에서의 일반적인 건축 재료는 진흙, 돌, 나무, 유리, 등이 있다. 석회는 벽면 마감 재료로 널리 사용하는데, 햇빛을 반사해 열을 차단할 수 있고 곤충이 들어오는 것을 막아 준다. 재료 대부분은 수공업 형태로 만들어지고 전통적인 기법을 이용하여 제작된다. 특히 기하학적인 장식을 많이 사용하는 창과 문, 내부 장식에서는 오랜 경력의 장인들과 그들만의 전통 기법이 필수적으로 사용된다. 현재에도 전통적인 재료뿐만 아니라 신재료에도 전통적인 기술을 많이 활용하고 있다.

건축물 대부분이 유사한 재료를 사용한다. 다만, 사용자의 지위가 높거나 중요한 건축물일수록 규모가 커지고 장식이 화려해진다. 재료도 여러 가지 재료를 혼합하여 구조적으로 강하게 만들어서 사용한다.

5. 기술력

이슬람의 발생지인 아라비아반도는 유목민이 많이 사는 곳이다. 메카(Mecca)와 메디나(Medina)는 무역이 성행했지만, 내륙의 대부분 지역은 유목민과 상품을 거래하는 대상들이 지나가는 길목이 있을 뿐이다. 그래서 견고한 건축물보다는 이동하기 편리한 건축물과 대상들을 위한 숙소 등이 있었다.

예언자 무함마드가 이슬람을 세운 후부터는 모스크(Mosque) 같은 대규모의 건축물이 필요해졌지만, 이러한 건축물을 세울 수 있는 능력은 거의 없다시피 했다. 당시 아라비아반도에는 유목민이 많은 상황이어서 대규모의 도시와 건축물이 필요 없었다. 도시도 소규모가 대부분이었다. 그래서 초기 도시형성과 건축물은 이웃에 있는 비잔틴 제국(Byzantine Empire)의 영향을 많이 받았다. 하지만, 서서히 이슬람 제국이 완성되면서 독자적인 도시와 건축물을 만들기 시작했다. 그 중심에는 예언자의 집(Prophet's house)과 꾸란(Quran)이 있었다.

이슬람 도시와 건축물은 예언자의 집(Prophet's house)과 꾸란(Quran)을 중심으로 이론적인 토대를 마련하였으며, 전통적인 기법과 풍습을 접목하면서 이슬람만의 기술을 만들어가기 시작했다.

6. 사회적 경제적 상황

7세기까지 아라비아반도는 주목받지 못했다. 당시 강대국이었던 비잔틴 제국(Byzantine Empire)과 사산조(Sassanian Empire) 역시 관심이 없었다. 아라비아반도 내에서도 나라 형태보다는 부족 형태로 자치적인 삶을 이어가고 있었다. 전쟁은 없고 경제적으로 안정된 평화로운 곳이 되었다. 이러한 상황은 역설적으로 이슬람이 주변국으로 영토를 확장할 때 상당한 도움이 되었다. 전쟁에 대한 두려움은 종교를 통해 극복하고, 막대한 전쟁 비용은 그동안 축적된 경제력이 중요한 역할을 한다.

이슬람 초기에 많은 도시와 지역이 빠르게 이슬람화가 이루어진 것은 바로 이러한 배경이 있었기에 가능했다. 빠르게 도시를 정비하고 새로운 모스크(Mosque)를 세웠다. 정복된 지역의 사람들은 이슬람으로 개종하고 움마(Ummah)의 일원이 된다. 새로운 형태의 사회가 만들어지고 확산한다. 이들은 다시 새로운 지역을 정복하기 위해 힘을 합쳐 싸운다. 실제로 엄청나게 막강했던 사산조(Sassanian Empire)가 이슬람 탄생 이후 채 30년이 되기 전인 651년 이슬람에 의해 멸망하고 비잔틴 제국(Byzantine Empire) 제국은 영토의 상당한 부분을 이슬람에 내주고 만다.

07
이슬람 도시의 생성 방식

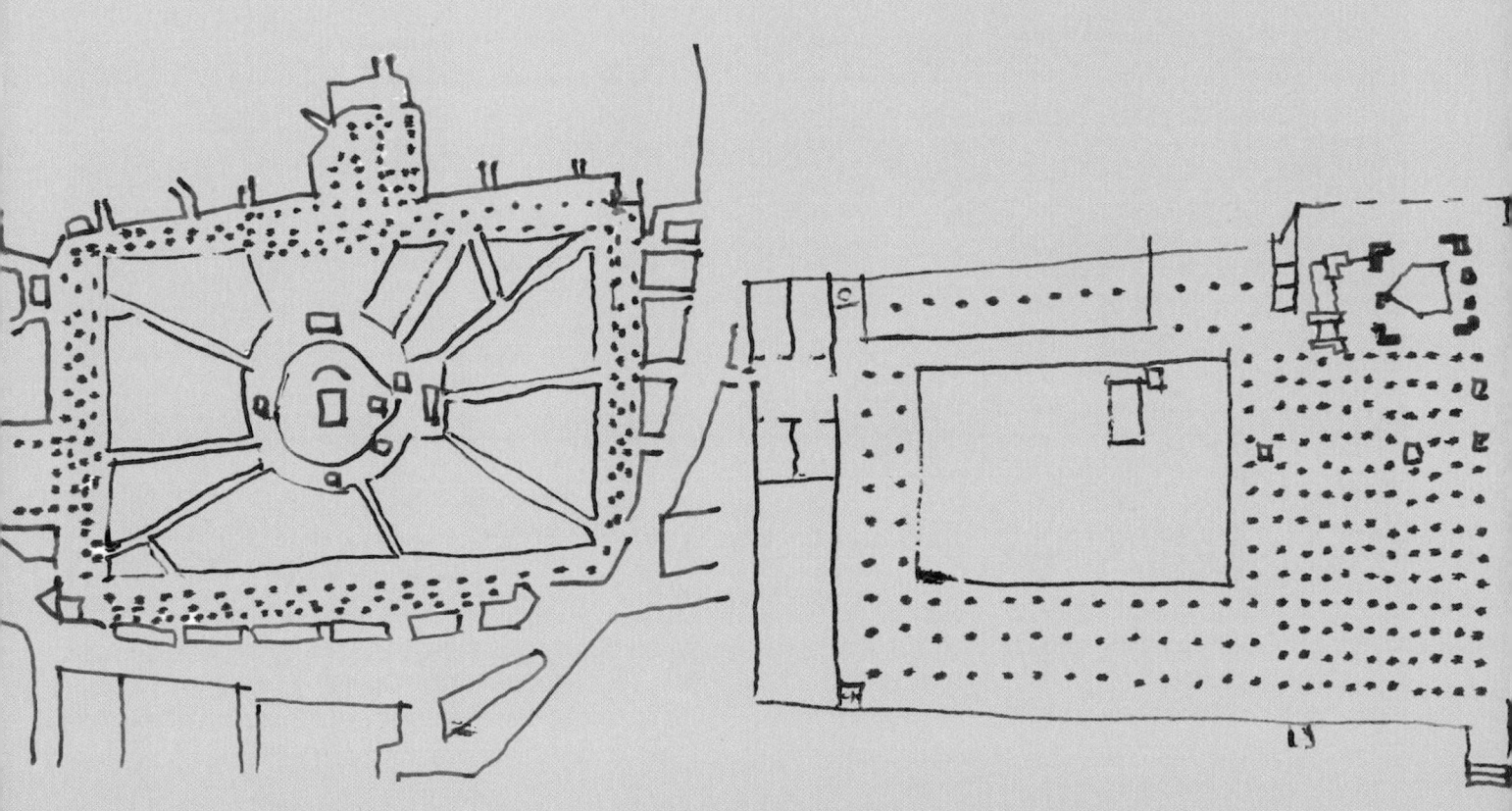

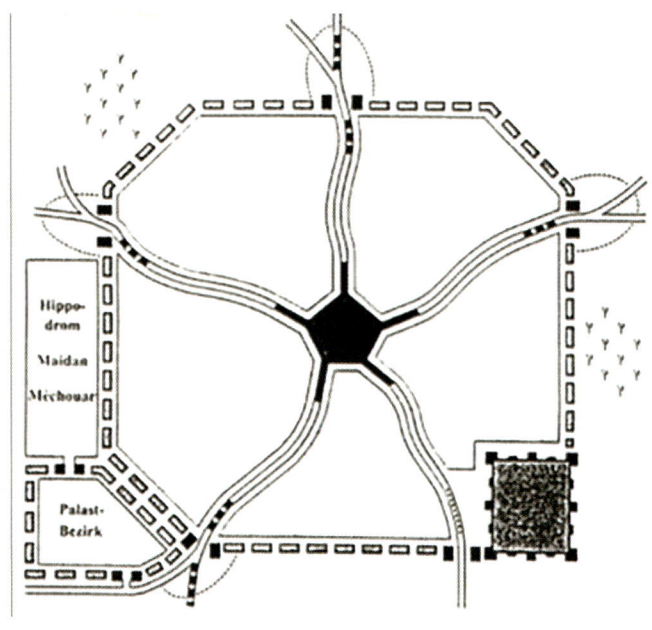 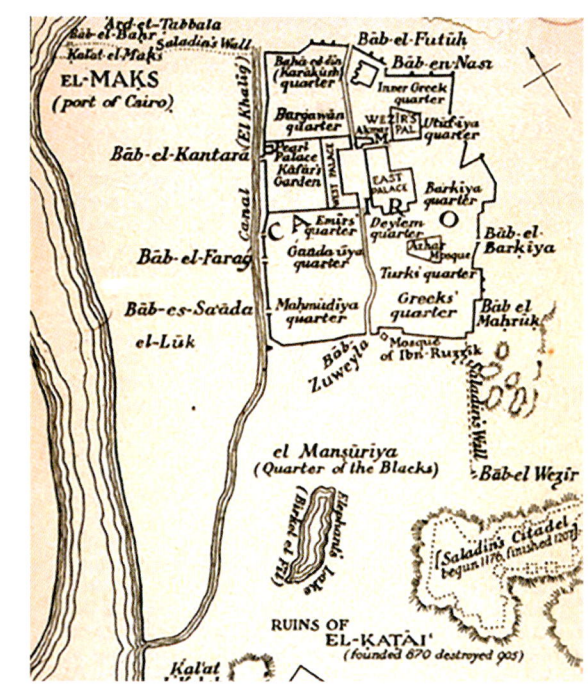

이슬람 도시 모델이다. 일반적으로 사각형 형태이며 성벽으로 둘러싸여 있다. 도시 중심은 도시의 한가운데 위치하며 보통 모스크(Mosque)가 있다. 모스크(Mosque)를 중심으로 해서 주변에 주요 상업시설과 공공시설이 들어선다. 이들은 도시의 중요 도로와 연결되며 주요 도로는 성벽의 주요 출입문까지 이어진다. 성벽을 벗어난 길은 주변의 주요 도시나 무역로로 이어진다.

도시의 규모가 커지면 기존의 주요 도로나 상업지역에 또 다른 모스크(Mosque)가 들어서면서 새로운 도심을 만든다. 새로운 도심의 구성 방식도 기존 도심과 같다. 모스크(Mosque)를 중심으로 상업시설과 공공시설 또는 교육 시설이 들어서고 거주 시설이 나머지 공간을 채우게 된다.

주요 도로가 일직선인 경우도 있지만, 대부분은 자연적으로 형성된 도로를 그대로 이용하는 경우가 많다. 그래서 일반적으로 이슬람 도시 조직은 불규칙하다. 이러한 불규칙한 도시 조직은 도시 대부분을 차지하는 주거시설의 영향도 크다.

주거지역은 미로처럼 상당히 불규칙적으로 형성된다. 이것은 이슬람 사회의 특징이 반영된 것이다. 물론 기후적인 요인도 작용한다.

07 . 이슬람 도시의 생성 방식

1. 첫 번째 방식 : 자연적인 지형의 사용

초기 이슬람 도시들은 주로 자연적으로 발생한 도시에서 시작한 경우가 많다. 메카(Mecca), 메디나(Medina)는 자연적으로 발생한 도시 구조를 그대로 활용하면서 이슬람화한 도시이다. 이슬람화하는 과정에서 기존의 다른 세력들을 도시에서 쫓아내거나, 세력을 약화해 빠르게 이슬람 도시로 정착하는 방식이다. 대표적으로 유대인들이 여기에 해당한다. 초기 이슬람 시대에는 이슬람과 유대인이 협력하는 관계였다. 하지만 유대인의 막강한 경제력과 다른 종교관은 이슬람 세력의 확장에 걸림돌이 되었다. 특히 도시를 장악하고 있는 유대인의 무역 망은 이슬람 세력에게 상당한 부담이 되었다. 결국, 무함마드는 유대인을 제거하기로 하였고 성공적으로 임무를 완수함으로써 이슬람을 빠르게 정착할 수 있게 되었다.

다음은 지역적으로 중요한 상징물을 만드는 것이다. 메카(Mecca)에 있는 카바(Kaaba)는 이슬람에서 실존하는 것 중에서 가장 상징성이 강하다. 카바(Kaaba)는 가로 11.03m, 세로 12.86m, 높이 13.1m 규모의 화강암으로 된 직육면체로 된 상징물이다. 카바(Kaaba)는 메카(Mecca)가 도시화하기 전부터 존재했다. 꾸란(Quran)에서는 이브라힘(Ibrahim)과 이스마일(Ismail)이 지은 것으로 나오며 첫 번째로 지어진 예배 장소로 보고 있다. 무슬림은 카바(Kaaba)를 알라의 집(Bayt Allah)으로 생각한다. 이전에는 카바(Kaaba) 주변에 여러 종교의 우상들도 같이 있었는데, 무함마드가 카바(Kaaba)만 남기고 철거했으며 그 자리에 모스크(Mosque) 건축하였다. 모든 모스크(Mosque)의 방향은 카바(Kaaba)를 향하고 있다. 모든 무슬림은 이곳을 향해 매일 기도를 한다. 모든 무슬림은 평생에 한 번은 여기에 와서 하지(Hajj, 순례)를 해야 한다. 카바(Kaaba)는 알 하람 모스크(Al-Haram mosque) 내에 있다. 당연히 메카(Mecca) 도시의 중심 역할을 하며 모든 무슬림의 성지이다.

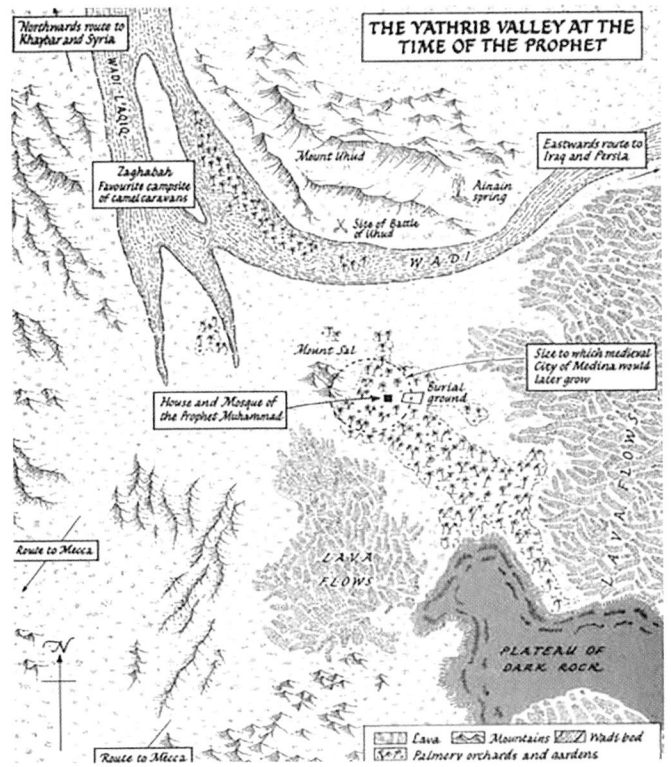
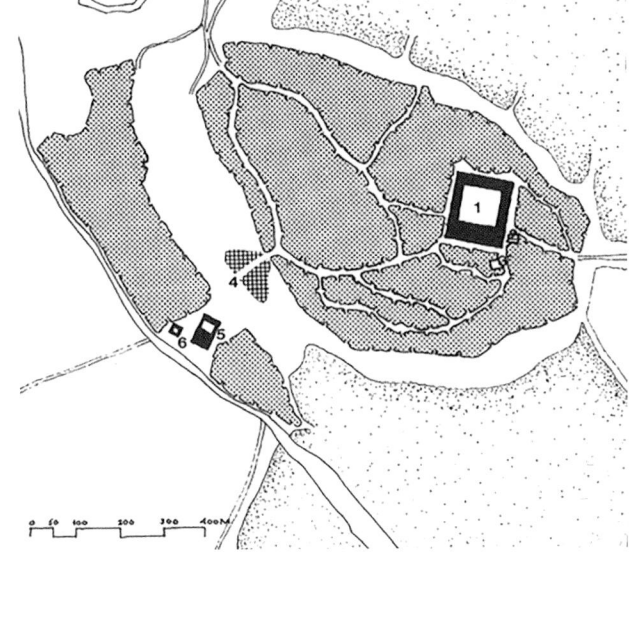

메디나(Medina)는 야트립 계곡(Yathrib valley)에 자연스럽게 형성된 마을이다. 주변에 산과 들이 있어서 자연 지형을 따라 도시가 발전하였다.

예언자 무함마드가 메디나(Medina)에 도착하면서 예언자의 집(Prophet's house)이 도심의 중심이 되었고 여기에 모스크(Mosque)가 건립되면서 메디나(Medina) 도시는 무역도시에서 종교적인 성지 도시로서 발전하게 된다.

2. 두 번째 방식 : 기존 도시를 활용

이슬람 세력이 아라비아반도를 벗어나 비잔틴 제국(Byzantine Empire)과 페르시아 지역으로 확장하는 과정에서 새로운 도시를 정복할 때 기존 도시를 활용하는 현상이 발생한다. 대표적으로 다마스쿠스(Damascus)와 바그다드(Baghdad)가 여기에 해당한다. 다마스쿠스(Damascus)는 비잔틴 제국(Byzantine Empire)의 주요 도시 중의 하나로서 이미 도시로서의 발전이 많이 이루어진 곳이다. 특히 종교적으로도 그리스도교(Christianity) 등의 세력이 오랫동안 지배한 지역이어서 종교적인 건축물도 많았다. 이슬람의 우마이야조(Umayyad Caliphate)가 다마스쿠스(Damascus)를 정복한 후에 이슬람 세력들은 기존의 도시와 건축물을 부수지 않고 재활용을 한다. 재활용 과정에서 당연히 이슬람식 건축물로 바뀌게 된다. 대표적인 경우가 다마스쿠스 모스크(Damascus Mosque)이다. 우마이야 모스크(Umayyad mosque)로도 불리는 이 건축물은 원래 세례자 요한(John the Baptist)을 위한 성당이었다. 성당의 주요 구조물인 기둥과 일부 벽체만 남기고 이슬람 성원에 맞게 개조하였다. 다마스쿠스(Damascus)는 우마이야조(Umayyad Caliphate)의 수도가 되면서 다마스쿠스 모스크(Damascus mosque)는 도시에서 가장 중요한 도시 요소가 된다.

도시의 기본 조직도 이슬람 사회에 맞게 변화한다. 다마스쿠스(Damascus)의 도로는 원래 직선적이고 규칙적으로 되어 있었다. 하지만, 이슬람화하면서 불규칙한 도로로 변한다. 이슬람 사회의 위계질서에 맞게 재형성된 것이다.

기존 도시를 완전히 철거하지 않고 재활용하는 이유는 여러 가지가 있다. 먼저 경제적으로 상당한 부담이 된다. 다음은 시간의 문제이다. 새로운 도시를 건설하려면 많은 인력을 동원해도 상당한 시간이 필요하다. 당시 이슬람은 빠르게 영토를 확장하고 있었다. 도시 하나를 위해서 군사력을 분산하면서까지 지체할 시간이 없었다. 그리고 마지막으로 중요한 이유는 기존 도시민들에 대한 새로운 관계 정립이다. 이슬람 세력이 새로운 영토를 정복하면 피정복자들에게 선택할 기회를 준다. 무슬림으로 개종할 것을 권하지만 개종을 안 해도 기존에 거주하던 곳에서 계속 살 수 있다. 다마스쿠스(Damascus)를 보면 이슬람 지역이 대부분이지만 그리스도교(Christianity) 지역, 유대교(Judaism) 지역이 남아 있는 것을 볼 수 있다.

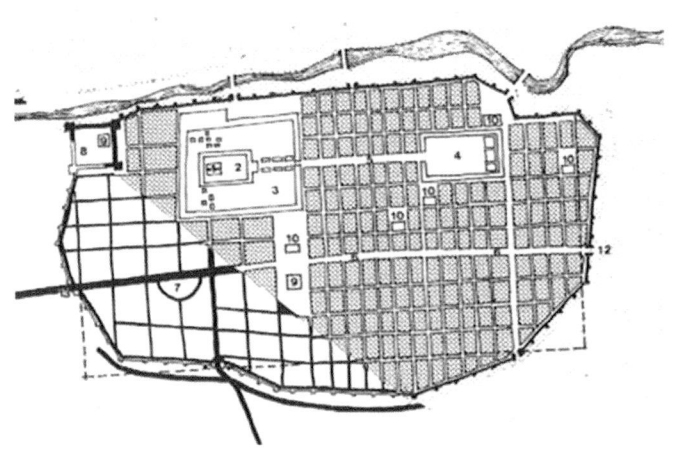
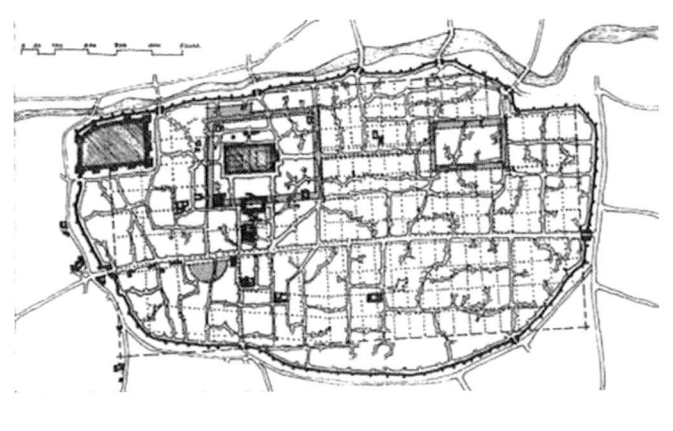

이슬람이 도착하기 전에 다마스쿠스(Damascus)는 그리스도교(Christianity) 도시로서 상당히 규칙적인 도시 체계를 가지고 있었다. 세인트 존 성당을 중심으로 도시가 발전하고 있었다.

무슬림이 지배한 이후에 도시 체계는 불규칙한 형태로 변모하였다. 기존은 주요 도로는 어느 정도 유지됐지만, 대부분의 간선 도로는 원형을 찾기 어려울 정도로 바뀐 것을 알 수 있다.

3. 세 번째 방식 : 군영 시설이 도시로 발전

초기 이슬람 세력은 주로 아라비아반도에 머물러 있었다. 하지만, 세력이 확대되면서 영토도 아라비아를 벗어나 페르시아 지역, 아프리카 지역 등으로 확대되었다. 이들 지역은 유목민이 많았던 아라비아 도시와는 다르게 고대부터 인류가 문명을 이루고 사는 곳이 많았다. 또한, 아라비아반도와 멀어지면서 군대가 효율적으로 움직이는 것도 문제가 되었다. 그래서 이슬람 군대가 생각한 전략이 군영 시설을 구축하는 것이었다. 군영 시설을 주요 전략 요충지에 구축하고 모든 군대가 완전하게 준비할 수 있도록 한 후 전쟁을 하는 방식이다. 지금과 다르게 중세시대의 전쟁은 수개월에서 수년에 걸쳐 전쟁한다. 오랜 기간 전쟁을 하면서 군영 시설은 확대되면서 마을이 되고 다시 마을이 모여 도시로 발전하게 된다. 대표적인 경우가 카이로(Cairo)이다. 이슬람 군대는 카이로(Cairo)를 공격하기 위해 카이로(Cairo) 남서쪽에 푸스타트(Fustat)라는 지역에 군영 시설을 세웠다. 당시 푸스타트(Fustat)는 아무것도 없는 벌판이어서 모든 기반 시설을 새롭게 만들어야 했다. 전쟁이 길어지면서 종교시설, 주거시설 등이 들어서면서 점점 도시화하기 시작했다. 군영 시설에서 시작한 도시는 가장 이슬람의 사상과 문화, 건축을 잘 표현했을 것으로 보인다. 아무것도 없는 곳에서 무슬림에 의해서 처음부터 끝까지 만들어졌기 때문이다. 하지만, 군영 시설은 전쟁을 위한 전략적 요충지이기 때문에 실생활을 해야 하는 시민들은 다소 불편했을 것이다.

카이로(Cairo)를 정복한 후 파티미조(Fatimid Caliphate)를 세운 이슬람 국가는 푸스타트(Fustat)를 새로운 도시로 만들고 발전시켰다. 푸스타트(Fustat) 위치가 전략적으로도 좋지만, 무역하기에도 좋은 경제적 요충지이기도 했다. 이후 푸스타트(Fustat)는 알 카이라(Al-Qahirah)로 발전한다. 기반 시설이 잘 갖추어지고 무슬림이 살기 좋게 도시가 구성되어 있어서 빠르게 발전할 수 있었다. 최종적으로는 카이로(Cairo) 도시가 만들어진다.

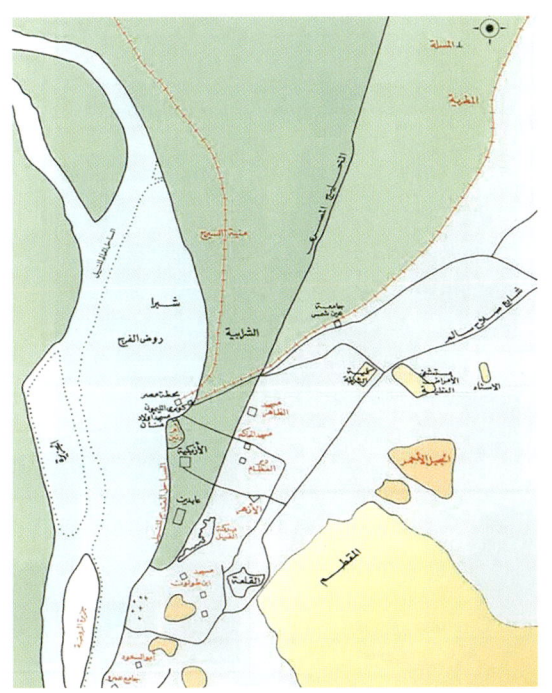

이슬람 세력은 카이로(Cairo)에 도착한 후 군영 시설을 구축한다. 군사적인 요충지를 선택한 후 군사들을 위한 시설을 구축한다. 전쟁이 길어지면서 군영 시설은 마을이 되고 인구가 늘어나면서 도시로 발전한다.

군영 시설은 군사적으로 유리한 지역이지만, 무역로로서도 주요한 경우가 많다. 푸스타트(Fustat)도 주요 무역로에 자리 잡고 있었기 때문에 빠르게 성장한다. 기존에 없던 도시여서 이슬람 도시의 특징을 가장 잘 보여준다.

4. 네 번째 방식 : 신도시 건설

도시를 정복한 후 기존 도시를 이슬람화하는 것은 쉬운 일은 아니다. 게다가 정복한 도시가 고대 문명부터 있었던 도시라면 더욱더 어렵다. 이미 다양한 시대의 건축물, 다양한 민족과 종교, 침범하기 어려운 역사 지역 등을 고려하면서 해결해야 하는 것이 상당히 많다. 그래도 모스크(Mosque)를 세우고 도시 구성도 이슬람에 맞게 변경을 하지만 한계가 있다. 그래서 기존 도시 옆에 신도시를 건설하는 방식을 도입한다. 바로 이상 도시의 건설이다. 이상 도시는 이슬람의 종교적인 철학을 기반으로 사회, 문화, 예술을 담은 것으로 도시 요소와 건축요소를 적절하게 배치하는 것이다. 결론적으로 무슬림 만을 위한 도시를 만드는 것이다.

이슬람의 이상 도시의 형태는 원형이다. 원은 완벽함을 뜻하지만, 평등을 의미하기도 한다. 이슬람의 근본 사상 중의 하나가 평등이다. 중앙에는 이슬람 사원인 모스크(Mosque)가 있다. 모스크(Mosque)는 카바(Kaaba)를 향해 배치한다. 모스크(Mosque) 주변은 광장이며 주변에는 공공시설이 있다. 다음에는 도시의 경계까지 주거와 상업 시설이 있지만 혼재하지는 않는다. 마지막은 성벽을 세워서 도시의 경계를 만들었다. 출입구는 총 4개이다. 성벽 주변에는 물이 흐르고, 가까운 곳에 강이 흐른다. 녹지를 만들어서 쾌적한 도시를 만든다.

서양의 이상 도시와는 상당히 다른 개념이다. 하지만, 한 가지 유사한 것은 파라다이스 개념이다. 서양의 이상 도시는 에덴의 동산(Garden Of Eden)을 기반으로 한다. 에덴은 가장 이상적인 파라다이스이다. 이슬람의 이상 도시에서도 에덴의 동산(Garden Of Eden) 개념을 볼 수 있다. 다만 서양과 달리 드러내지 않고 은유적으로 표현하는 것이 다르다.

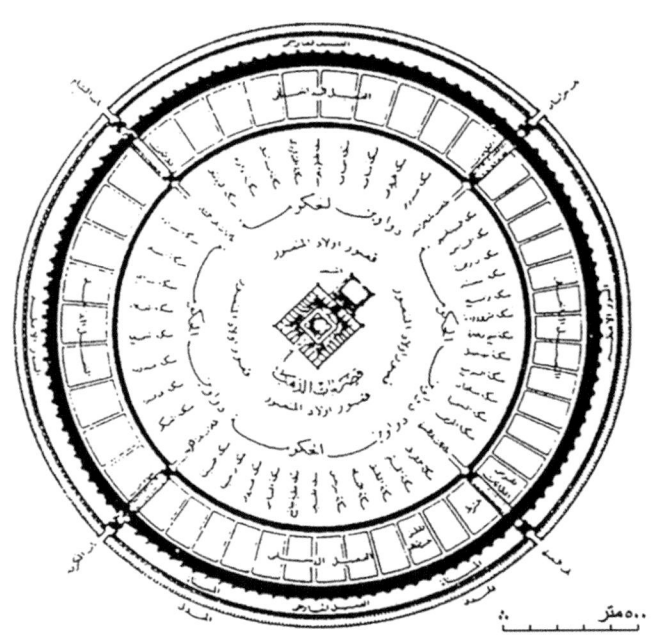 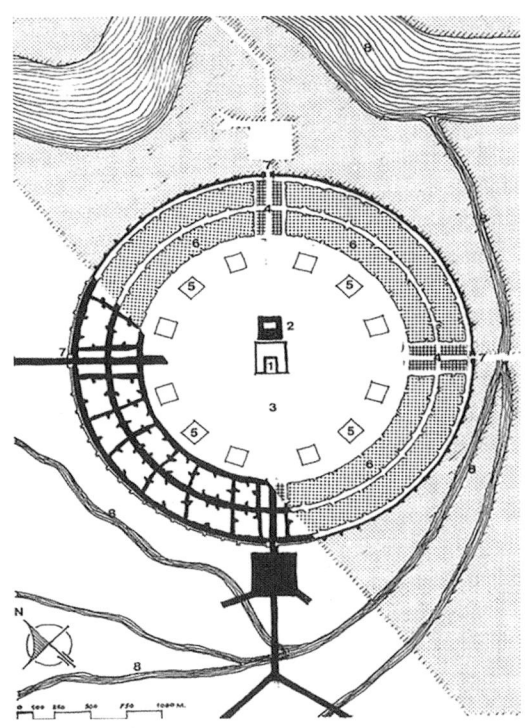

기존과 다른 새로운 도시를 만들려고 한 경우이다. 이슬람의 사상을 잘 표현하고 효율적으로 인구를 관리하고자 해서 만든 계획이다.

원형으로 된 성벽에 4개의 출입문과 도로를 건설하고 중앙에 모스크(Mosque)를 두고자 했다. 기존 이슬람 도시와 다르게 원형으로 도시를 계획한 것은 이슬람 사상인 평등을 실현하기 위해서이다.

07 . 이슬람 도시의 생성 방식   091

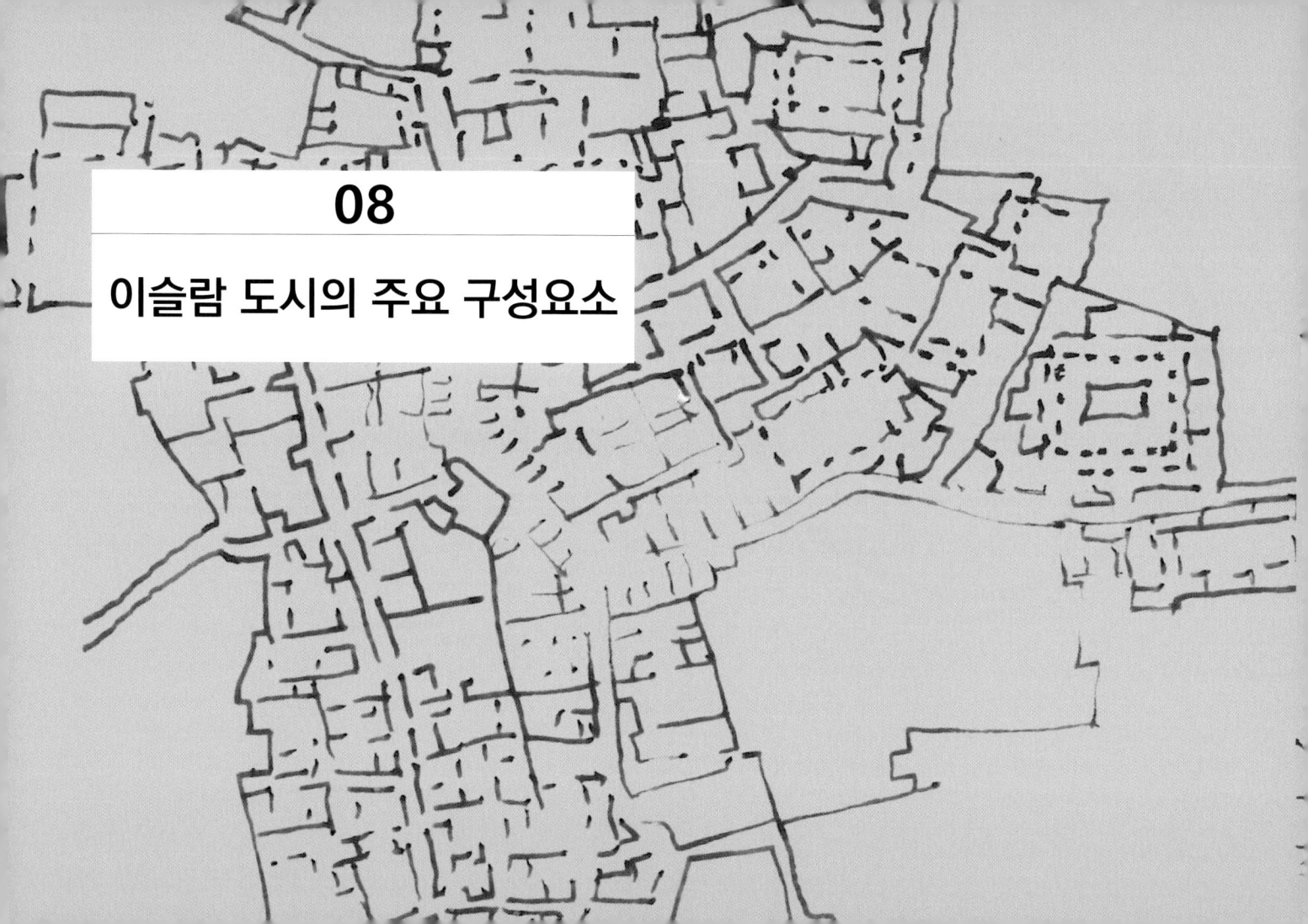

08
이슬람 도시의 주요 구성요소

이슬람에서 가장 중요한 것은 종교이다. 그러므로 종교시설이 도시에서 가장 중요한 위치에 있다. 이슬람 도시에서는 최소한 한 개의 모스크(Mosque)가 있어야 한다. 하지만, 보통 수 개에서 수십 개에 이를 정도로 많이 있다. 각각의 모스크(Mosque)는 도시 내에서 적당한 간격을 유지하며 보통 그 지역에서 중심적인 역할을 한다. 이것은 무슬림들이 효율적으로 예배를 하기 위함이다. 물론 거리에 상관없이 각자가 원하는 모스크(Mosque)로 갈 수도 있다. 규모가 큰 모스크(Mosque)나 역사가 오래된 모스크(Mosque)의 경우에는 종교학교인 마드라사(Madrasa)가 같이 있을 수도 있다. 또한, 영묘라고 불리는 모졸렘(Mausoleum)이 같이 있는 때도 있다. 모졸렘(Mausoleum)은 종교적 지도자나 위대한 인물이 안장된 건물이다. 이들 건축물은 각각 독립적으로 있을 수도 있고 같이 모여 있을 수도 있다. 다만, 모여 있는 경우는 규모가 상당히 커지기 때문에 대도시에 적합한 방식이라고 할 수 있다.

종교시설 주변에는 일반적으로 상업 시설이 있다. 아무래도 종교시설은 유동인구가 많아서 자연적으로 상업 시설이 모여드는 것이 당연한 이치일 것이다. 역사가 오래된 도시의 경우에는 종교시설의 벽을 따라서 상업 시설이 형성되는 경우가 많다. 최근 형성된 도시일 때 상업 시설이 종교시설과 분리되어 집단 형태로 있는 경우가 많다. 주요 상업 시설로는 수크(Souq), 바자르(Bazaar), 칸(Khan), 카라반세라이(Caravanserai) 등이 있으며 각각의 다른 특성과 역할을 가지고 도시에 있다. 주거시설은 원칙적으로 상업 시설과 분리되어 있다. 이슬람에서 주거는 개인적인 공간이면서 종교적인 공간이기도 하다. 또한, 이웃과 소통하는 공간이면서 사적인 공간이기도 하다. 이슬람 주거의 특징은 다면성과 동질성이다. 이를 이해하기 위해서는 움마(Ummah)라는 공동체를 알아야 한다. 움마(Ummah)는 일종의 부족 공동체로 혈연으로 연결된 경우가 많다. 이들은 같은 지역에서 살면서 모든 문제를 협의를 통해 해결해 왔다. 그러므로 움마(Ummah)의 결정을 부정할 수 있는 때는 없다고 해도 과언이 아니다. 이슬람 도시형성 과정에서 움마(Ummah)를 단위로 해서 마을이 형성되고 주거시설이 만들어졌다. 그러므로 이웃 대부분이 움마(Ummah) 공동체인 경우가 많다. 움마(Ummah)에서는 위계질서도 중요하다. 그래서 지위가 높은 사람은 마을에서 중요한 지점에서 살게 된다. 모든 마을 사람들은 같이 소통도 하고 의사 결정도 한다. 하지만, 개인적인 생활도 존중한다. 일반적으로 우리가 이슬람 도시 주거지역을 방문했을 때 끊임없는 미로 같은 길 때문에 당황하기 쉽다. 하지만, 거주민들에 의해 체계적으로 만들어진 것이기 때문에 오히려 질서 정연한 곳이라는 것이다. 주거시설에는 맨질(Manzil), 다르(Dar), 랍(Rab) 등 다양한 주거 형태가 있으며 사회적 지위와 경제적인 여건에 따라 다양하게 존재한다.

궁전, 정부 건물 등의 공공시설은 특별하게 위치가 정해진 것은 없다. 각각의 도시 상황에 따라 있다. 다만 성벽은 건물의 경계를 확장하는 곳이어서 성벽 대부분에는 밥(Bab)이라고 하는 출입구가 있다. 이 출입구는 무역상들이 오래전부터 사용한 길인 경우도 있고 다른 도시와 연결되는 전략적 위치일 수도 있다. 또한, 전쟁 때문에 생긴 예도 있다. 이유가 어떻든 보통 밥(Bab)이라고 하는 출입구는 도시의 상징성을 외부에 표출하고 사람들이 출입구를 인식할 수 있도록 하는 역할을 한다.

유럽과 이슬람에서 정원은 낙원을 의미한다. 유럽에서의 정원 개념은 에덴의 동산(Garden Of Eden)에서 기인한다. 이슬람 정원은 자나흐(Jannah)라고 하며 그 기원은 아케메니드 제국(Achaemenid Empire)까지 거슬러 올라간다. 아케메니드 제국(Achaemenid Empire)은 페르시아 지역을 기반으로 했던 최초의 제국이다. 페르시아식 정원의 특징은 사각형을 사 등분 하여 통로를 만들고 기하학적 형태로 조경을 하는 것이 특징이다. 이슬람식 정원도 이와 유사한 방식으로 되어 있다. 이슬람 정원에는 8개의 관문이 있다. 그 중 자나흐 알 피르다우스(Jannah al Firdaus)가 궁극적인 파라다이스이다.

이슬람 도시에서 많이 볼 수 있는 것 중의 하나가 연못, 분수 같은 물과 관련된 시설이다. 모스크(Mosque)에서는 물(al-ma'a)로 청결을 유지해야 한다. 꾸란(Quran)에 나와 있는 내용이다. 모스크(Mosque)로 들어갈 때 우두(Wudu)에서 몸을 정화하고 예배 장소로 들어가야 한다. 이슬람에서 물은 순결 또는 순수를 의미하며, 꾸란(Quran)에서는 알라(Allah)가 물에서 모든 생명체를 창조한 것으로 언급하고 있다. 이슬람에서는 우두(Wudu) 장소를 쉽게 볼 수 있다. 모스크(Mosque) 내에서는 출입하는 부분 또는 중정에 있는 경우가 많다. 일부 모스크(Mosque)에서는 단순히 몸을 세정하는 공간이 아닌 건축적인 상징성을 부여하여 화려하고 웅장하게 건축할 때도 있다.

대표적인 무형적인 요소는 꾸란(Quran)이다. 꾸란(Quran)은 아랍어로 암송을 의미한다. 꾸란(Quran)은 무함마드 사후에 정통 칼리프시대 때 일부 기록과 구전으로 전해지던 내용을 모아서 만들었다. 꾸란(Quran)은 114개의 수라(Sura)로 구성되어 있다. 각 수라는 구절에 해당하는 아야트(ayat)로 나누어진다. 무슬림은 기도할 때 꾸란(Quran)을 수시로 낭송해야 한다. 꾸란(Quran)이 건축에 미치는 영향도 크다. 예를 들면 꾸란(Quran)에서는 불필요한 건물은 짓지 말고, 집은 개인을 보호하는 장소이어야 한다고 언급한다. 꾸란(Quran)에 언급된 건축 관련 내용은 화려하고 웅장함과는 거리가 멀다. 소박하고 절제된 건축물을 요구하고 있다. 이러한 사상이 초기 이슬람 건축에 잘 반영된 것을 알 수 있다. 꾸란(Quran)은 건축에서 장식으로 사용할 수 있다. 칼리그래피(calligraphy) 같은 경우 원칙적으로 꾸란(Quran)의 내용만 적을 수 있다.

또 다른 무형적인 요소는 빛이다. 누르(Nur)는 아랍어로 빛을 의미한다. 확장된 개념으로 신의 빛을 뜻한다. 꾸란(Quran)에서는 알라(Allah)를 하늘과 땅의 빛이라고 서술하고 있다. 꾸란(Quran)에서 빛 위의 빛(Nurun ala Nur)이라는 구절이 있는데, 무한한 아름다움과 알라(Allah)의 인도와 빛을 의미한다. 그러므로 이슬람에서의 빛은 알라(Allah)를 은유적으로 표현한 것이라고 할 수 있다. 빛은 이슬람 건축에서 극적인 효과를 표현할 때 사용한다. 특히 모스크(Mosque) 같은 종교시설에서의 빛의 활용은 중요하다. 개구부 또는 창문을 통해 들어오는 빛은 신비스럽게 보인다. 이것은 알라(Allah)의 이미지와도 비슷하다. 시간에 따라 역동적으로 변하는 빛의 모습도 건축물을 모습을 다양하게 변화시켜준다. 특히 이슬람의 기하학적 패턴과 어울려질 때는 단순한 패턴이 오히려 신비로운 공간을 연출한다.

이슬람 도시의 주요 구성요소는 다음과 같다.

유형적 요소
- 모스크(Mosque), 모졸렘(Mausoleum), 마드라사(Madrasa) 등의 종교시설
- 궁전, 성벽 등의 공공시설
- 바자르(Bazaar), 수크(Souq), 카라반세라이(Caravanserai) 등의 상업시설
- 맨질(Manzil), 다르(Dar), 랍(Rab) 등의 주거시설
- 광장, 정원 등의 기타시설

무형적 요소
-꾸란(Quran), 빛(Nur)

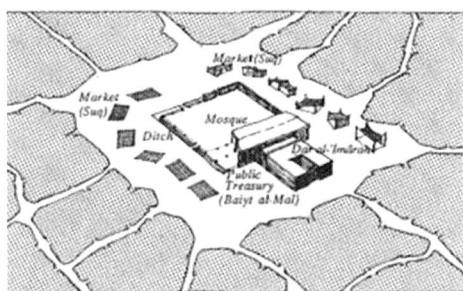

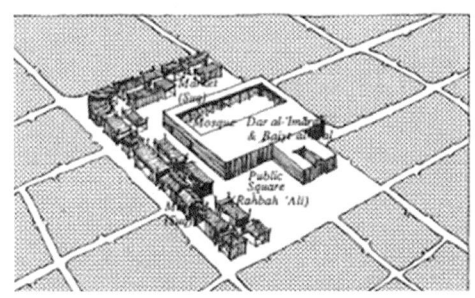

쿠파(Kufa) 도시처럼 모스크(Mosque)를 중심으로 상업 시설이 들어서고 주요 도로가 형성된다. 주요 도로에서 불규칙한 작은 도로가 만들어지면서 주거시설이 들어선다. 도시의 중요한 지점에는 다른 모스크(Mosque)가 만들어지면서 새로운 지역을 형성한다.

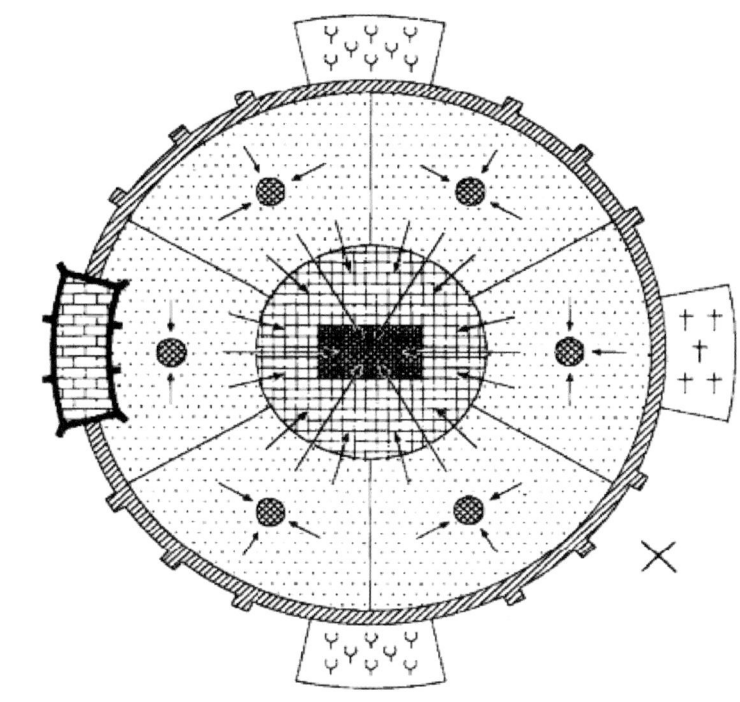

이슬람 도시의 구성요소를 보여주는 그림이다. 도시의 경계는 성벽으로 이루어지게 되며 중요 지점에 군사시설이 들어간다. 도시 중앙에는 모스크(Mosque)가 있고 그 주변에 바자르(Bazaar), 수크(Souq) 같은 상업시설이 있다. 주요 도로는 무역로와 연결되는 경우가 많으며 여러 길이 만나면서 형성된 사이에 주거시설이 들어선다.

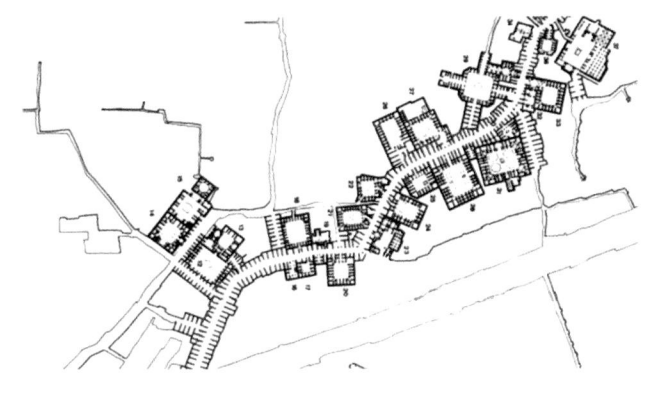
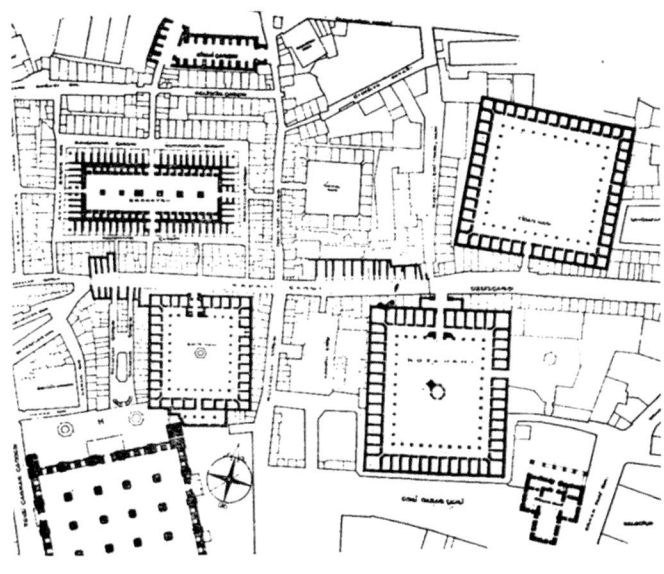

바자르(Bazaar) 같은 상업시설은 주요 도로에 있으며 밀집해서 있는 경우가 많다. 주요 도로를 따라 형성된 바자르(Bazaar)는 도시 체계에 많은 영향을 준다.

일반적으로 이슬람 도시의 바자르(Bazaar) 등의 상업시설은 도로를 중심으로 해서 형성되지만, 부르사 도시 경우에는 건물 중심으로 바자르(Bazaar)가 형성되어 있다. 카라반세라이(Caravanserai) 같은 건물 형태의 상업시설은 주로 외국과 교역을 하는 도매상들이 사용한다.

마드라사(Madrasa)는 종교학교로 이슬람을 가르치는 곳이다. 학교 내에 정원을 두어 이슬람 사상을 실천할 수 있도록 하고 있다.

튀니지(Tunis) 도시의 모습으로 미로 같은 좁은 길을 따라 주거시설이 들어선 것을 볼 수 있다.

09

이상도시 : 마디나 알 살람

마디나 알 살람(Madinat Al-Salam)은 평화의 도시(City of Peace)라는 뜻이다. 바그다드(Baghdad)의 계획도시로 원형으로 되어 있다. 압바스조(Abbasid Caliphate) 칼리프 알 만수르(Al-Mansur)가 762년에 계획하였다. 알 만수르(Al-Mansur)는 압바스조(Abbasid Caliphate)의 위대함을 보여줄 수 있는 완벽한 도시를 원했다. 위치는 크테시폰(Ctesiphon)으로 기원전 120년경부터 존재하던 고대도시이다. 옛 사산조(Sasanian Empire)의 수도이었으며, 면적이 30㎢에 이를 정도로 당시로써는 거대도시였다. 636년 무슬림에 의해 정복된 후 빠르게 쇠퇴하기 시작하여 버려진 도시가 된다. 아부 알 압바스(Abu-al-Abbas)의 계승자인 알 만수르(Al-Mansur)는 새로운 수도를 계획한다. 이 계획을 알 만수르(Al-Mansur)의 원형 도시라고 한다. 비록 원형 도시 계획은 성공하지는 못했지만, 바그다드(Baghdad)의 도시에 많은 영향을 준다. 첫 번째 계획안에서는 순수한 무슬림 도시를 계획했다. 이것은 바빌론(Babylon) 같은 도시의 영향을 받은 것으로 보인다. 중앙에는 철저하게 칼리프를 위한 공간만 존재한다. 그다음에는 공공시설들이 칼리프 공간을 둘러싼다. 출입은 4개의 게이트로만 가능하다. 철저하게 폐쇄된 도시 공간이다. 762년 알 만수르(Al-Mansur)는 이 지역에 원형 도시를 건설하기를 원했는데, 원형 도시는 사산조(Sasanian Empire) 도시의 기본적인 형태이기도 하다. 규모는 지름 1㎞의 원형이었으며, 여기에 모스크(Mosque), 관청, 주거지, 시장 등을 건설하는 계획이었다. 중앙에는 모스크(Mosque)가 있으며, 주변에 관청이 있다. 여기서 1㎞ 떨어진 지역에 주거지와 상업시설이 원을 따라서 배치되어 있다.

일부 문헌에서는 4년간의 공사를 통해 766년 완성된 것으로 나온다. 하지만, 알 만수르(Al-Mansur)가 원했던 규모의 계획은 실현되지 못하는데, 계획을 실현하기에는 너무 방대한 규모라는 것을 안 알 만수르(Al-Mansur)가 포기하고 말았기 때문이다. 바그다드(Baghdad)는 1258년 몽골의 침입을 받으면서 도시 대부분이 파괴되었다. 원형 도시, 지혜의 집(Bayt al-Hikmah) 등의 많은 건축물이 사라졌다. 그래서 지금은 흔적조차 찾기 어렵다. 그렇지만, 이 계획안은 이후에 이슬람 도시 구성에 많은 영향을 주며 이슬람 도시의 전형을 보여 주는 좋은 사례가 된다.

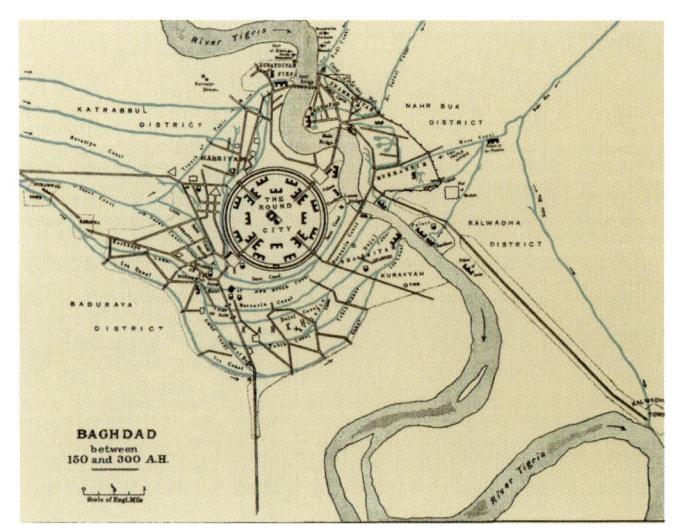
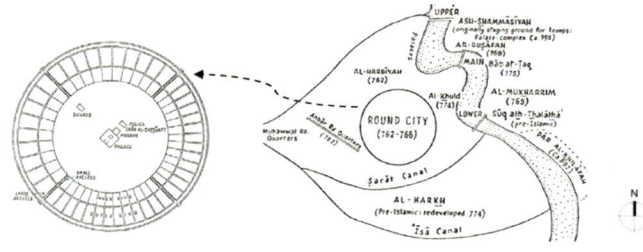

바그다드(Baghdad)의 이상 도시 계획을 표시한 지도이다. 티그리스 강 (Tigris River) 주변에 원형 도시를 계획한 것을 알 수 있다.

이상 도시인 라운드 시티는 762년에서 766년 사이에 건설하였다. 하지만 엄청난 재정 부담으로 결국 완전하게 건설되지는 못했다.

이상 도시의 예상 모습이다. 티그리스 강(Tigris River)에서 물을 끌어들여 주변에 수로를 만들고 성벽을 만든 모습이다. 중앙에 모스크(Mosque)를 두고 정원을 만들어서 에덴(Eden)의 모습을 구현하려고 했다.

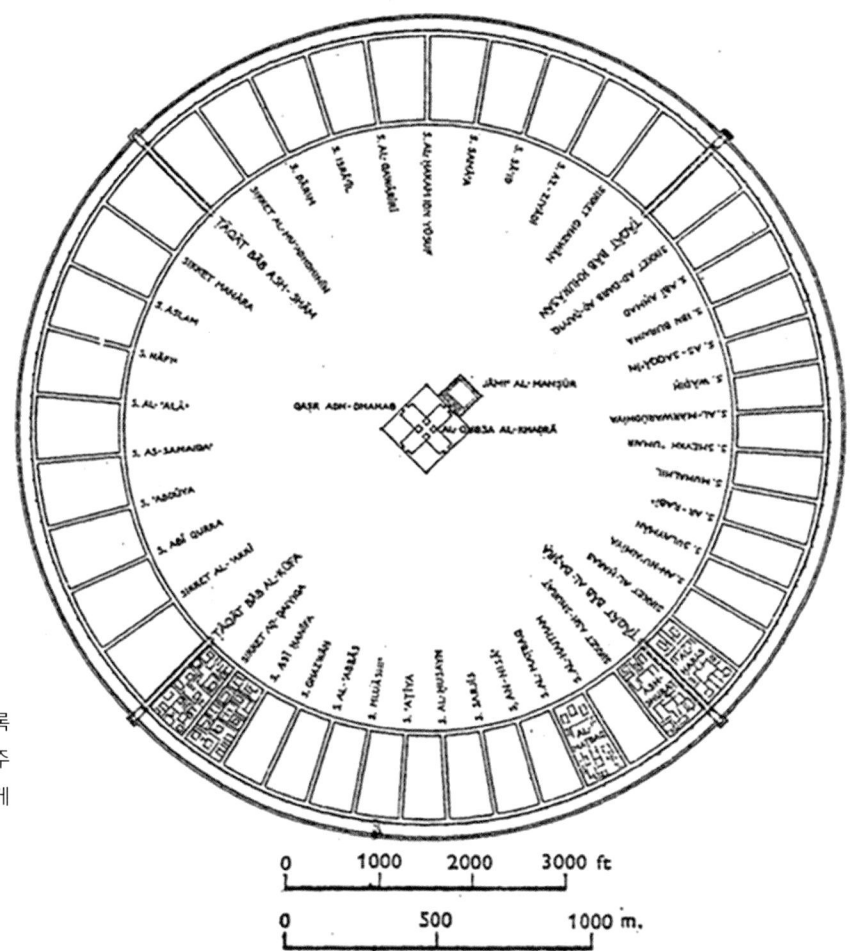

중앙에 있는 모스크(Mosque)는 카바(Kaaba)를 향하도록 했다. 중요 출입문은 4개이며 기존의 이슬람 도시와 다르게 주요 도로가 모스크(Mosque)까지 연결되지 않는다. 일정하게 구획된 지역에 상업시설과 주거시설이 들어간다.

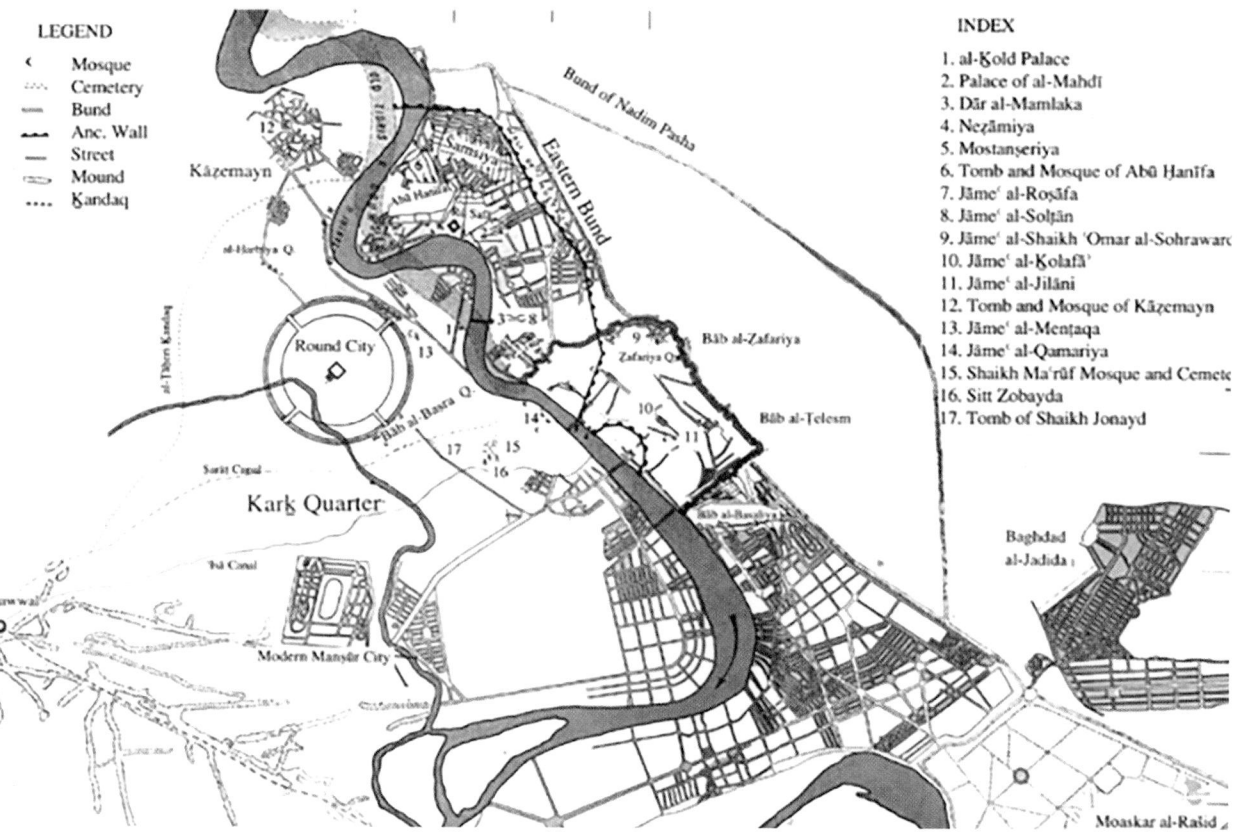

바그다드(Baghdad)의 이상 도시도 출발점은 군영 시설이다. 통치자와 군인들이 머물기 위해 계획했다. 그래서 기존 형성된 도시를 떠나 새로운 지역에 건설하고자 했다.

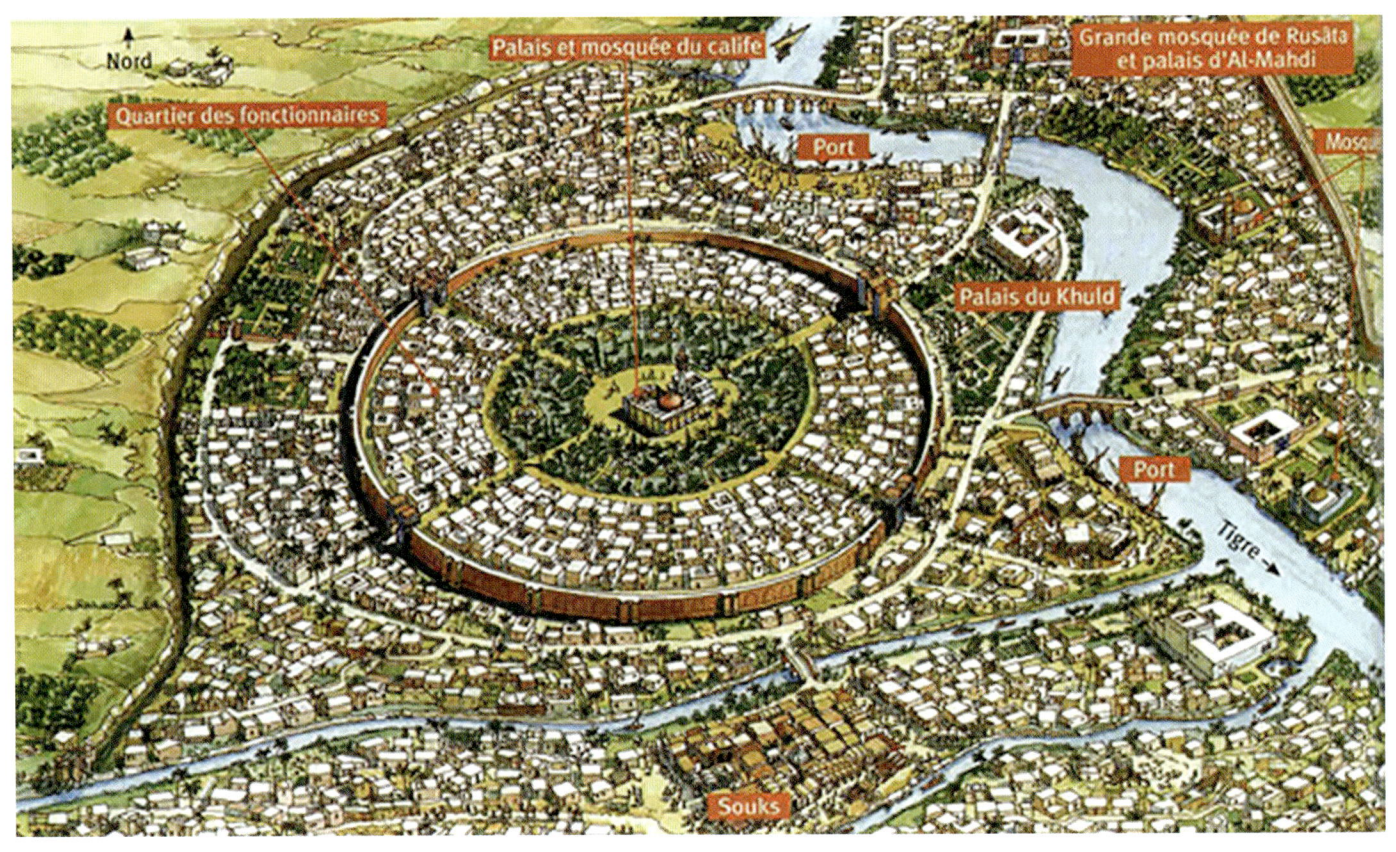

계획이 실현됐다면 새로운 도심이 만들어지고 도시도 여기를 중심으로 해서 발전했을 것이다. 지금과 다른 바그다드(Baghdad)가 됐을 것이다.

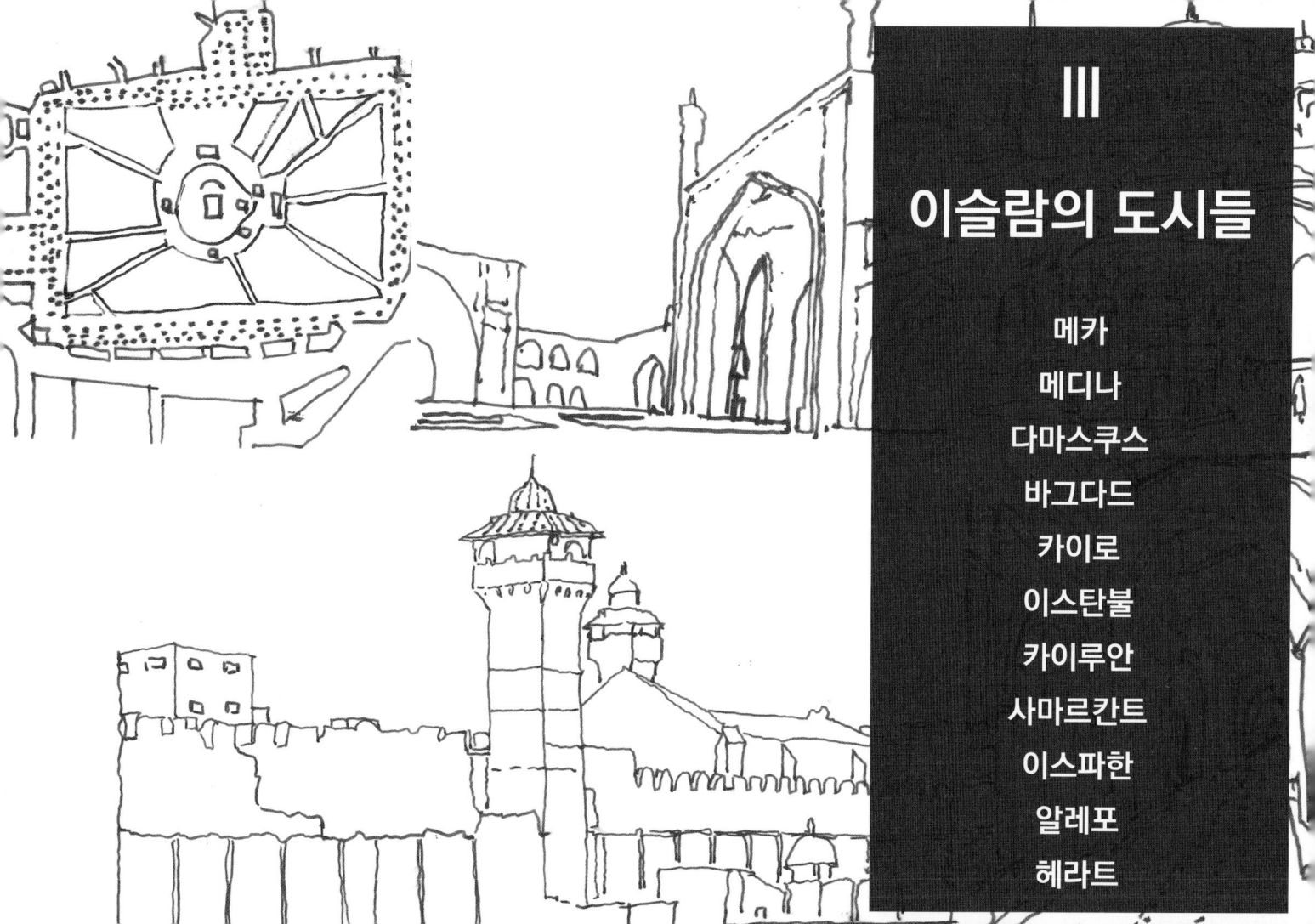

III
이슬람의 도시들

메카
메디나
다마스쿠스
바그다드
카이로
이스탄불
카이루안
사마르칸트
이스파한
알레포
헤라트

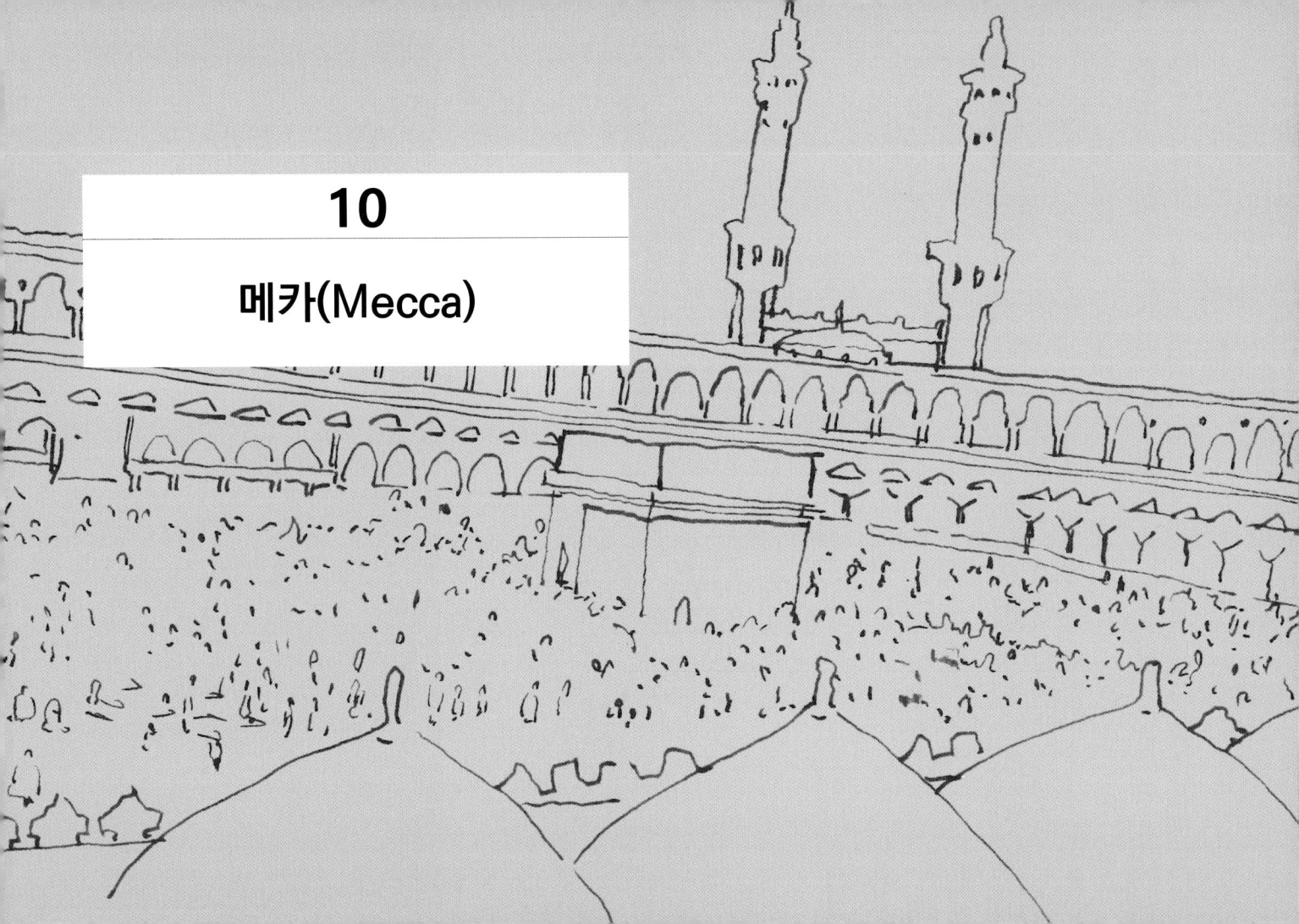

메카(Mecca) 도시의 기원은 예멘(Yemen)에서 이주한 사람들이 정착하면서 시작했다. 메카(Mecca)는 잠잠(Zamzam)의 샘에서부터 시작한다. 이 오아시스 주변에 베두인(Bedouin)들이 정직하면서 서서히 도시를 형성해 나간다. 잠잠(Zamzam)의 샘 근처에 검은 돌(Black stone)이 있었는데. 천국에서 내려온 돌로 알려져 있었다. 이 돌은 사각형 형태의 구조물 안에 보관되어 있었으며 이것을 카바(Kaaba)라고 불렸다.

메카(Mecca)의 도시는 잠잠(Zamzam)의 샘과 카바(Kaaba)로 시작했다. 유목민을 위한 물과 종교적인 신화가 같이 공존하는 도시이다. 5세기 중엽부터는 쿠라이시 부족(Quraysh tribe)의 주요 세력이었다. 주로 무역을 통해 부를 축적했다. 무함마드가 이슬람을 만든 후에는 메카(Mecca)는 이슬람에서 중요한 성지가 되었다. 무함마드가 630년 메카(Mecca)에 돌아온 이후 메카(Mecca)는 도시로 변모하기 시작했다. 카바(Kaaba)를 중심으로 하는 모스크(Mosque)가 세워졌으며 도시의 중심지가 되었다.

메카(Mecca)의 이슬람 세력은 무함마드 이후 그리스도교(Christianity), 유대교(Judaism)와 양분되어 있던 경제권을 확실하게 가져오게 되었다. 당시 무역을 통한 경제력은 생존과 같은 것이었다. 경제력을 잃은 두 세력은 도시를 떠나거나, 이슬람 세력 아래서 살아야만 했다. 무함마드 이전에 유목민과 무역의 도시였던 메카(Mecca)는 이슬람 최대의 성지가 되면서 도시의 기능이 변한다. 카바(Kaaba)로 오는 순례자가 늘어나면서 경제적으로도 이제는 카라반(Caravan)이 주 수입원이 아니었다. 즉 메카(Mecca)는 종교 문화 경제 도시로 변모하게 되었다. 무역을 위한 시설보다는 순례자들을 수용하고 그들이 필요로 하는 시설을 확충하는 게 더 중요해졌다.

무함마드가 생전에 후계자를 정하지 않아서 무함마드 사후에 모든 권한은 칼리프가 가지게 되었다. 하지만, 이슬람 세력은 흔들리기 시작했다. 일부 세력은 이탈의 움직임도 있었다. 그래서 칼리프들은 전쟁을 통해 이슬람 세력을 확장하고 꾸란(Quran)을 만들어서 종교적인 단결을 하고자 했다. 이러한 상황은 메카(Mecca)를 더욱더 강력한 성지로 만들었다. 그 결과 이슬람 세계에서 대체 불가한 도시가 된다. 이 도시는 무역도시에서 즐거움을 주는 표시로 변하게 된다. 즐거움을 주는 도시란 종교적으로 즐거움을 주는 곳이라는 의미이다

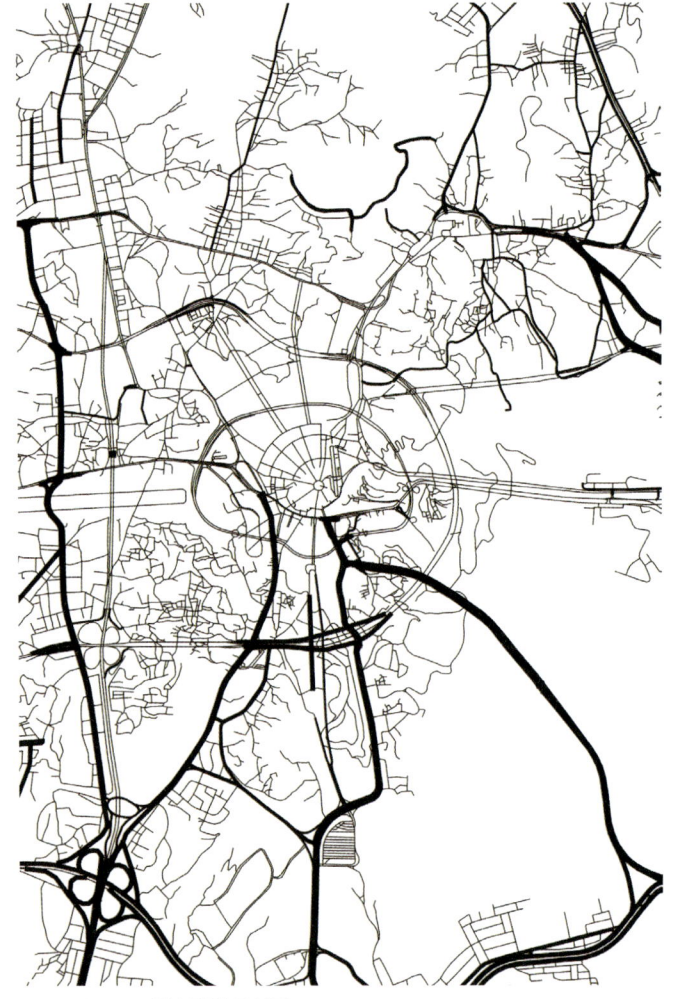

1946년 메카(Mecca) 도시지도이다. 양쪽에 산이 있어서 계곡처럼 생긴 지형에 도시가 형성된 것을 알 수 있다. 주요 도로가 도시를 관통하고 있고 중심에는 카바(Kaaba)와 모스크(Mosque)가 있는 것을 볼 수 있다.

메카(Mecca)의 옛 모습 사진이다. 주변에 산이 있고 자연적인 지형을 이용한 건물들이 불규칙하게 들어선 모습을 볼 수 있다. 우측에 사각형으로 된 건물들이 모여 있는 것을 볼 수 있다. 전형적인 아라비아반도의 이슬람 스타일 건축물이다.

1850년에 그려진 메카(Mecca)의 모습이다. 메카(Mecca)로 많은 순례자가 모여들고 있는 것을 묘사하고 있다. 왼쪽에 강물처럼 표현된 순례자들의 끝없는 모습이 이채롭다.

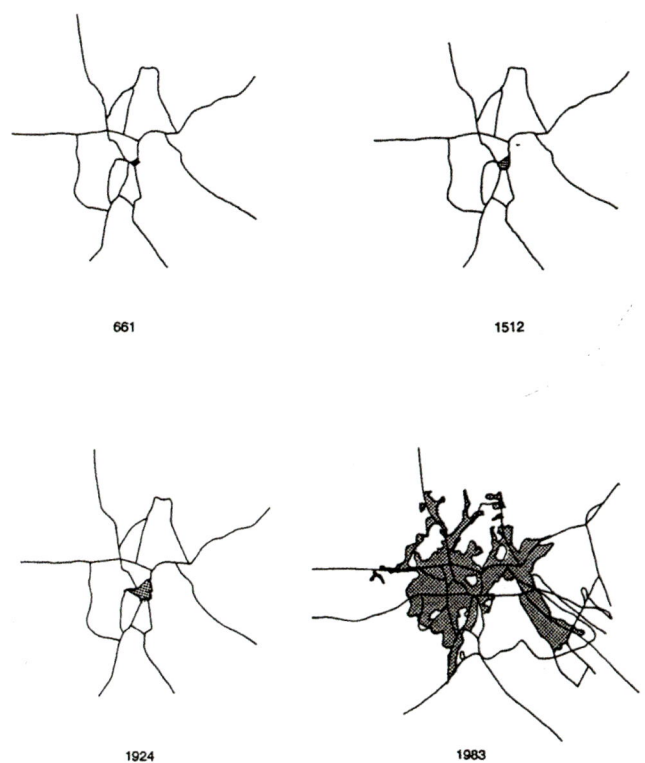

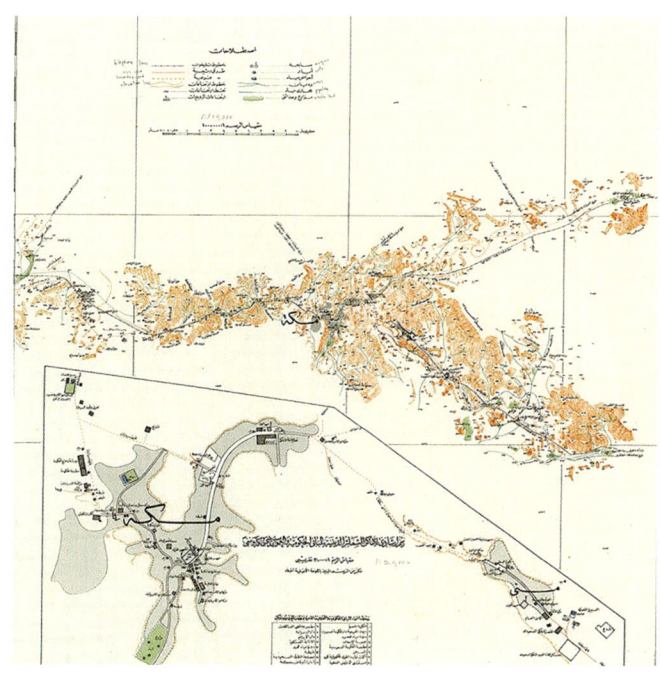

이슬람 초기부터의 메카(Mecca) 도시의 발전을 보여 주고 있다. 초기부터 오스만 제국(Ottoman Empire)까지는 도시 발전이 서서히 이루어지고 있다. 1924년 오스만 제국(Ottoman Empire) 이후 단기간에 도시가 급속히 팽창한 것을 알 수 있다.

1942 메카(Mecca) 도시지도이다. 주요 도로를 따라 도시가 길게 형성된 것을 볼 수 있다. 밑에 지도를 보면 기본적인 도시 체계는 그대로 유지하고 있는 것을 알 수 있다.

10 . 메카(Mecca)　　115

도시 중심인 카바(Kaaba)와 모스크(Mosque)에서 외곽으로 바라본 전경이다. 낮은 높이의 건물들이 촘촘히 들어서 있는 것을 볼 수 있다. 멀리 있는 산이 자연적인 도시 경계를 만들고 있다.

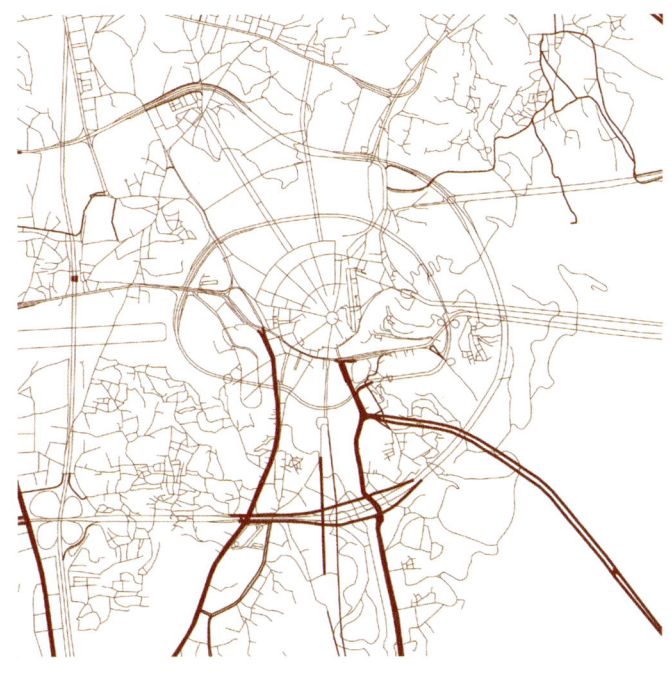

메카(Mecca)의 옛 지도로 도로 체계를 볼 수 있다. 자연적으로 형성된 도로는 불규칙하다. 도시도 여기에 맞게 확장되고 있는 모습을 볼 수 있다.

최근의 메카(Mecca) 도시 모습이다. 도시 중심일수록 불규칙한 도로가 많았으나, 외곽에는 직선 형태의 규칙적인 도로가 많다. 도시가 팽창함에 따라 도시 계획을 통해 도시를 관리하고 있다는 것을 알 수 있다.

빛의 산(Jabal al-Nur)에서 바로 본 메카(Mecca) 전경이다. 계곡과 산에도 건물들이 들어서고 있음을 보여 주고 있다. 또한, 이전의 낮은 건물보다는 고층 건물들이 많아진 것을 볼 수 있다.

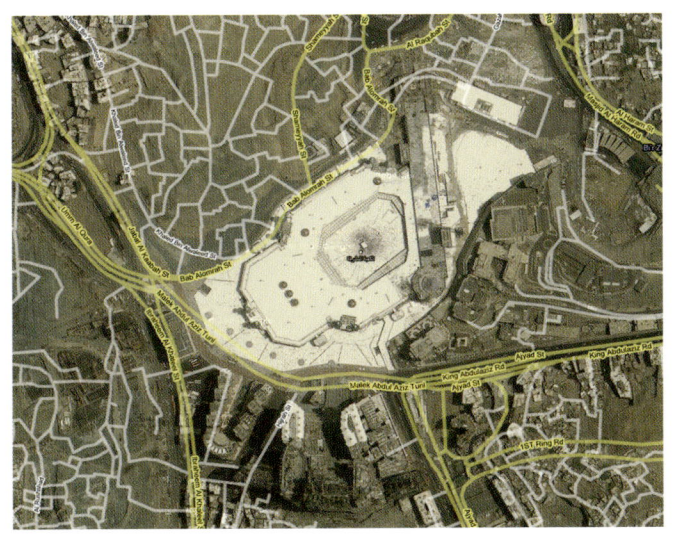 

알 하람 모스크(Al-Haram mosque)의 항공 사진이다. 주변의 도로와 건물들과 비교했을 때 모스크(Mosque)의 건물 규모가 상당히 크다는 것을 알 수 있다.

1880년대 알 하람 모스크(Al-Haram mosque) 사진이다. 지금 규모로 확장하기 이전의 모습이다.

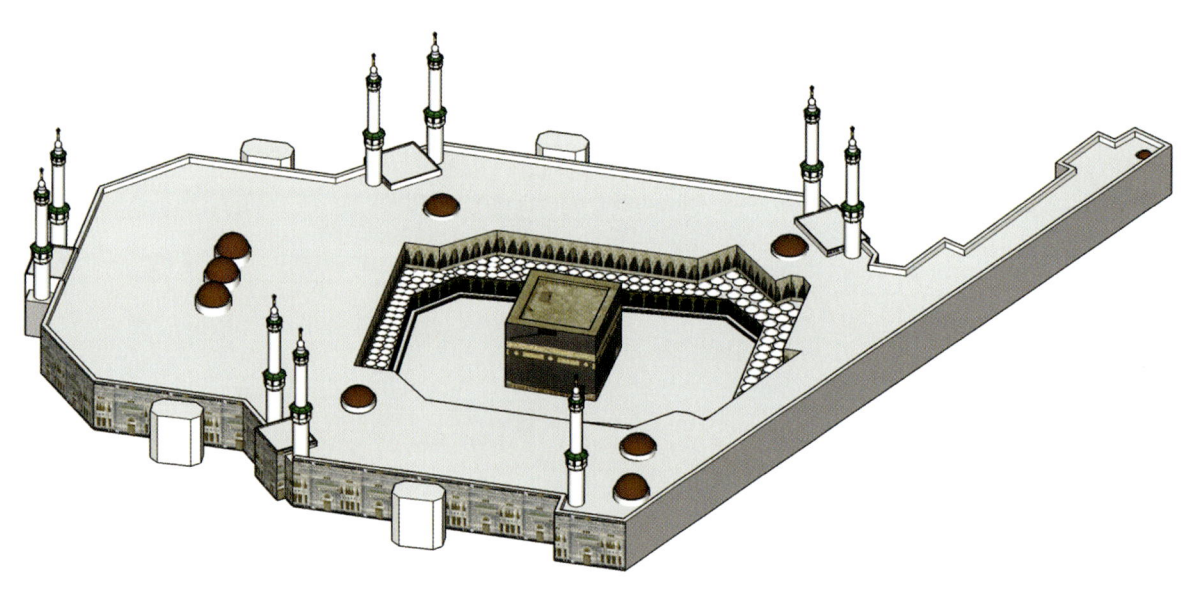

현재의 모스크(Mosque) 모습을 모형화한 것이다. 1880년대 사진과 비교 했을 때 중정이 상대적으로 작아 보인다.

11

메디나(Medina)

이슬람은 메디나(medina)에서 히즈라(Hijrah)를 통해서 시작한다. 히즈라(Hijrah)는 이주라는 뜻이지만, 이슬람에서 예언자 무함마드가 무슬림을 이끌고 메카(Mecca)에서 메디나(Medina)로 이주한 것을 의미한다. 이슬람에서는 이때부터 이슬람이 시작된 것으로 간주한다. 메디나(Medina)라는 도시는 원래 야트립(Yathrib)으로 알려져 있었다. 기원전 6세기경부터 오아시스 도시로도 알려져 있었다. 3세기경에 로마와 그리스도교(Christianity) 간의 전쟁이 한창일 때 많은 그리스도교인(Christianity)이 야트립(Yathrib)에 정착하였다.

무함마드 도착 이후 무슬림이 늘어나면서 점차 이슬람 도시로 발전하기 시작했으며, 이슬람 세력의 수도가 된다. 무함마드의 집이 모스크(Mosque)가 되면서 도시의 중심으로 변모하면서 대표적인 이슬람 성지가 되었다. 정통 칼리파 시대(Rashidun Caliphate)에는 수도로 격상한다.

예언자 무함마드가 생을 마감한 도시이기도 하다. 대표적인 건축물로인 알 나바위 모스크(Al-Nabawi mosque)에는 무함마드의 묘와 이슬람 세계의 첫 번째 칼리프(caliph)인 아부 바크르(Abu Bakr)의 묘와 세 번째 칼리프(caliph)인 우마르(Umar)의 묘가 있는 곳이다. 알 키브라틴 모스크(Al-Qiblatain Mosque)는 두 개의 키블라(Qibla)로 유명하다. 최초의 예배 방향은 예루살렘(Jerusalem)이었으나, 무함마드에 의해 메카(Mecca)로 바뀌었다. 이미 건축 중이었던 알 키브라틴 모스크(Al-Qiblatain Mosque)는 이미 완공한 키블라(Qibla)를 놔두고 새롭게 키블라(Qibla)를 추가하면서 키블라(Qibla)가 두 개인 모스크(Mosque)가 되었다.

메디나(Medina)는 지리적으로 내륙에 있어서 무역이 중요한 도시이다. 하지만, 메카(Mecca)처럼 이슬람의 중요 성지가 되면서 종교적인 도시로 변모하였다.

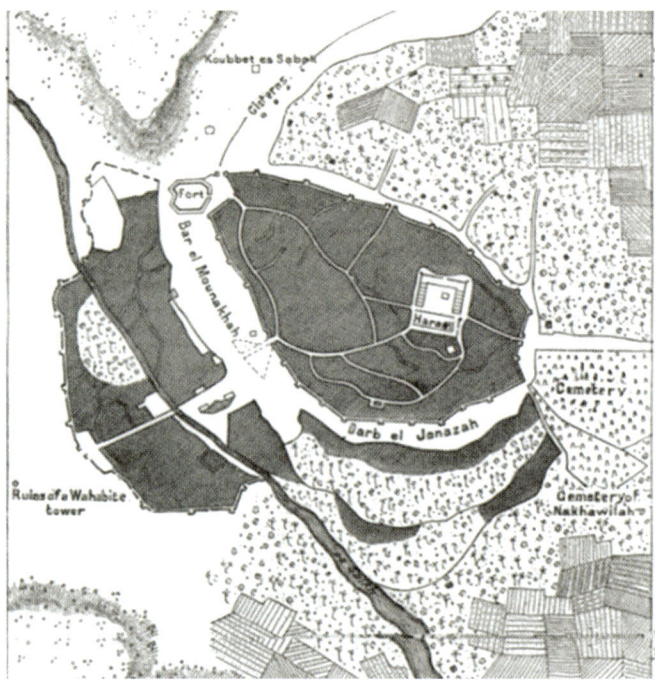

1885년 메디나(Medina) 지도이다. 도시 주변에 산과 계곡이 있고, 메디나(Medina) 가운데로 큰길이 있는 모습이다. 도시는 성벽(Fort)에 의해 둘러싸여 있다. 오른쪽에 모스크(Mosque)가 있다.

19세기 메디나(Medina) 전경이다. 알 나바위 모스크(Al-Nabawi mosque) 너머로 낮은 건물들이 넓게 펼쳐진 모습이다. 멀리 있는 산의 수평적인 모습과 높이 솟은 미나레트(Minaret)가 대조를 보인다.

1850년에 묘사된 메디나(Medina) 모습이다. 주변에 높은 산이 있고 도시를 감싸고 있는 성벽이 보인다. 모스크(Mosque) 외에 순례자와 쉬는 사람밖에 없어 평화로운 성지임을 보여 주고 있다.

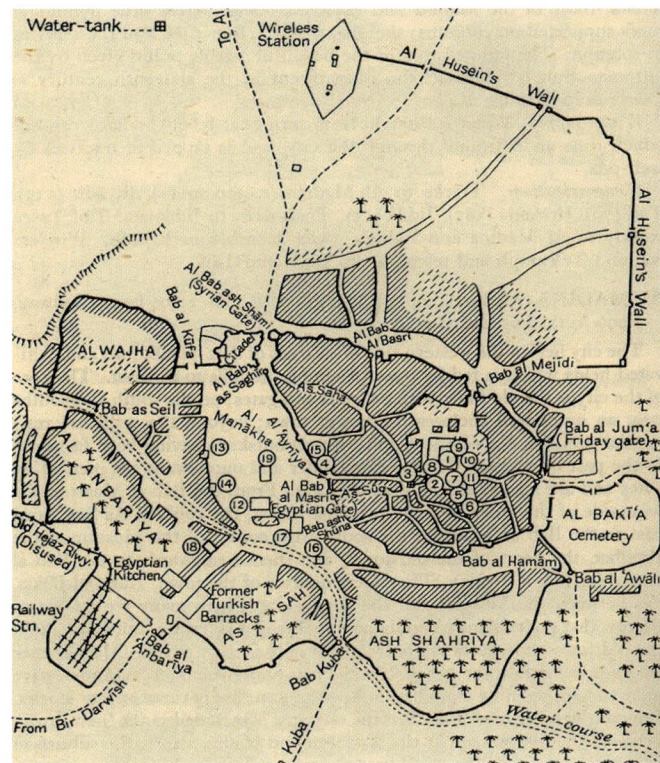 

1946년에 제작된 지도이다. 도시가 확장되면서 성벽 일부가 사라지고 새로운 길이 생겨났다. 특히 왼쪽 아래에 있는 철도가 이채롭다. 하지만, 모스크(Mosque)를 중심으로 하는 도심은 거의 변화가 없는 모습이다.

최근 메디나(Medina) 도시 모습이다. 과거보다 많이 변화된 모습이다. 모스크(Mosque)를 중심으로 하는 도심은 순환도로가 경계를 만들고 있다. 도시는 불규칙한 도로가 많으나 외곽으로 갈수록 도시 계획에 의한 규칙적인 도로가 많아지는 것을 볼 수 있다.

위성사진으로 본 메디나(Medina) 모습이다. 도심의 경계인 1차 순환도로와 도시의 경계인 2차 순환도로가 보인다. 도시 외곽에는 규칙적으로 배열된 건축물들이 많이 보인다.

오스만 제국(Ottoman Empire) 때의 알 나바위 모스크(Al-Nabawi mosque) 모습이다. 계속된 증축으로 상당히 큰 규모의 사원이 되었다. 초록색으로 된 돔 밑에 무함마드의 묘가 있다.

1916년 사진으로 메디나(Medina) 중앙역(Central Station)이다. 아치형 아케이드와 미나레트(Minaret)가 보인다.

1915년 사진으로 옆에 그림에서 보면 모스크(Mosque) 내에 나무 한 그루가 있는데, 여기가 파티미드 정원(Garden of Fatimah)이다. 파티미드는 예언자 무함마드의 딸의 이름이다.

1916년 사진으로 알 나바위 모스크(Al-Nabawi mosque) 내부로 무함마드가 묻혀있는 장소이다.

알 나바위 모스크(Al-Nabawi mosque)에 있는 초록색 돔(Green Dome)과 미나레트(Minaret)의 모습이다. 이슬람에서 돔은 평등을 의미한다.

모스크(Mosque) 내에 있는 민바르(Minbar) 모습이다. 원래 민바르(Minbar)는 서서 설교하는 무함마드가 앉을 수 있도록 만든 것이다. 처음에는 나무로 만들었으며 단이 세 개였다.

모스크(Mosque) 출입구 중의 하나이며 높은 미나레트(Minaret)가 건물을 웅장하게 만들어준다.

11. 메디나(Medina)

12
다마스쿠스(Damascus)

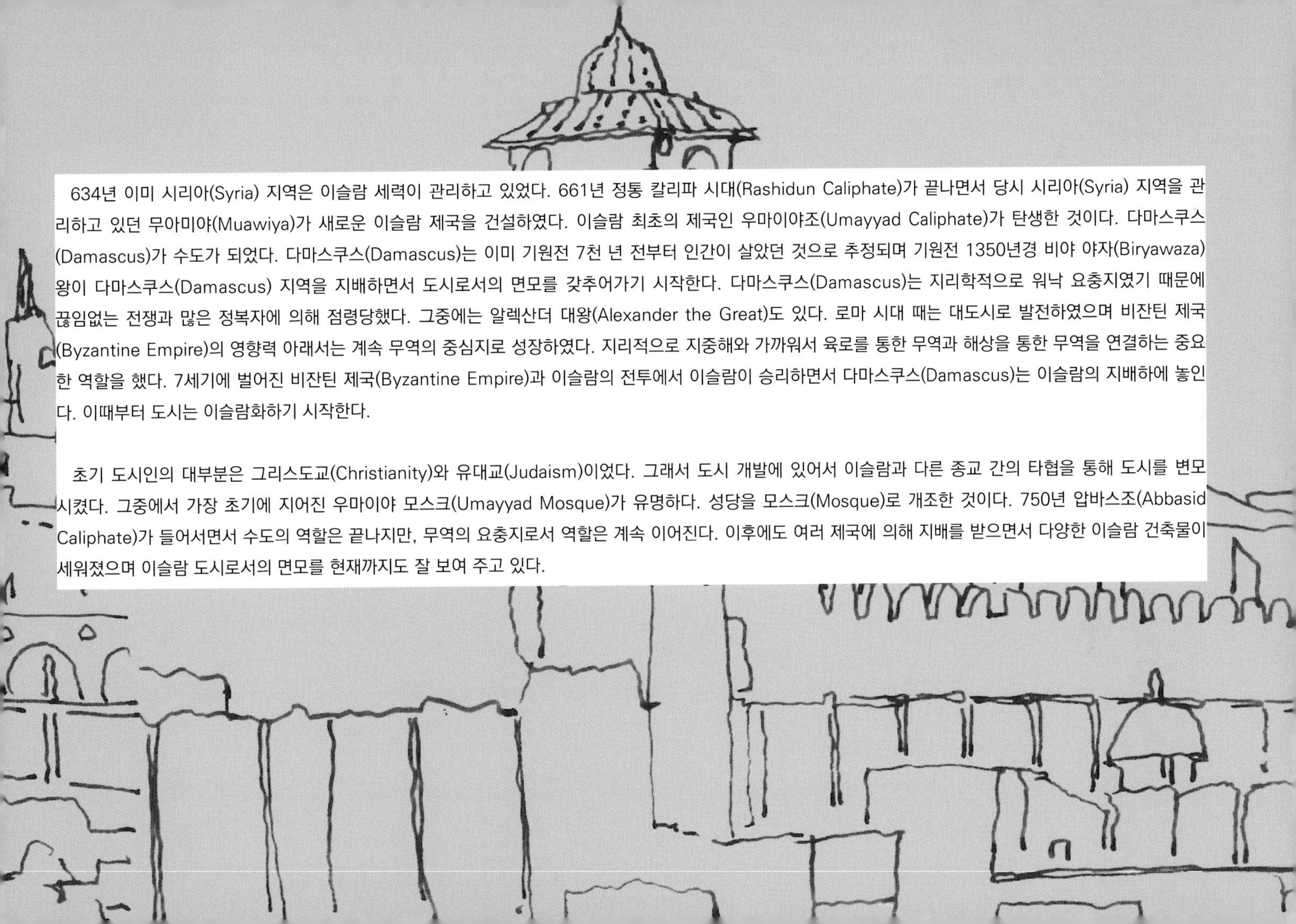

　634년 이미 시리아(Syria) 지역은 이슬람 세력이 관리하고 있었다. 661년 정통 칼리파 시대(Rashidun Caliphate)가 끝나면서 당시 시리아(Syria) 지역을 관리하고 있던 무아미야(Muawiya)가 새로운 이슬람 제국을 건설하였다. 이슬람 최초의 제국인 우마이야조(Umayyad Caliphate)가 탄생한 것이다. 다마스쿠스(Damascus)가 수도가 되었다. 다마스쿠스(Damascus)는 이미 기원전 7천 년 전부터 인간이 살았던 것으로 추정되며 기원전 1350년경 비야 야자(Biryawaza) 왕이 다마스쿠스(Damascus) 지역을 지배하면서 도시로서의 면모를 갖추어가기 시작한다. 다마스쿠스(Damascus)는 지리학적으로 워낙 요충지였기 때문에 끊임없는 전쟁과 많은 정복자에 의해 점령당했다. 그중에는 알렉산더 대왕(Alexander the Great)도 있다. 로마 시대 때는 대도시로 발전하였으며 비잔틴 제국(Byzantine Empire)의 영향력 아래서는 계속 무역의 중심지로 성장하였다. 지리적으로 지중해와 가까워서 육로를 통한 무역과 해상을 통한 무역을 연결하는 중요한 역할을 했다. 7세기에 벌어진 비잔틴 제국(Byzantine Empire)과 이슬람의 전투에서 이슬람이 승리하면서 다마스쿠스(Damascus)는 이슬람의 지배하에 놓인다. 이때부터 도시는 이슬람화하기 시작한다.

　초기 도시인의 대부분은 그리스도교(Christianity)와 유대교(Judaism)이었다. 그래서 도시 개발에 있어서 이슬람과 다른 종교 간의 타협을 통해 도시를 변모시켰다. 그중에서 가장 초기에 지어진 우마이야 모스크(Umayyad Mosque)가 유명하다. 성당을 모스크(Mosque)로 개조한 것이다. 750년 압바스조(Abbasid Caliphate)가 들어서면서 수도의 역할은 끝나지만, 무역의 요충지로서 역할은 계속 이어진다. 이후에도 여러 제국에 의해 지배를 받으면서 다양한 이슬람 건축물이 세워졌으며 이슬람 도시로서의 면모를 현재까지도 잘 보여 주고 있다.

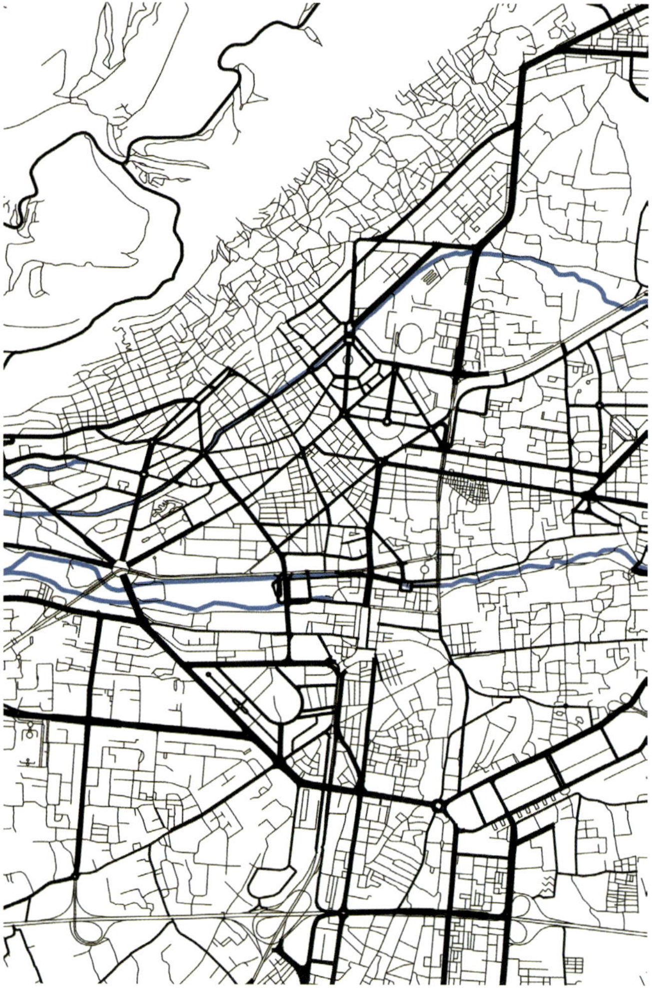

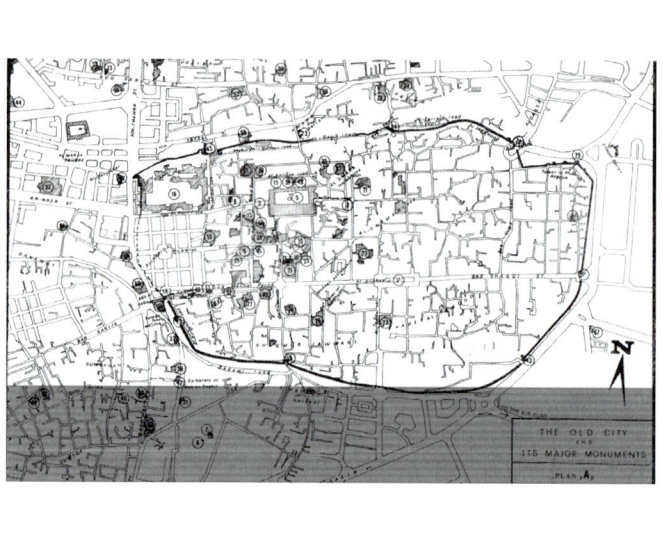

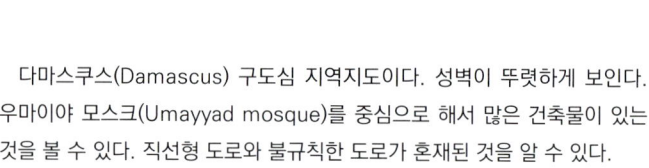

다마스쿠스(Damascus) 구도심 지역지도이다. 성벽이 뚜렷하게 보인다. 우마이야 모스크(Umayyad mosque)를 중심으로 해서 많은 건축물이 있는 것을 볼 수 있다. 직선형 도로와 불규칙한 도로가 혼재된 것을 알 수 있다.

다마스쿠스(Damascus) 전경 사진이다. 우마이야 모스크(Umayyad mosque)를 중심으로 도시가 형성된 모습이다. 다양한 형태의 건축물이 혼재된 모습이다.

1588년 다마스쿠스(Damascus) 지도이다. 성벽으로 둘러싸인 도시에 모스크(Mosque)와 성당이 같이 있는 모습이다. 도시 내에 강이 흐르고 도시 외곽에는 산이 있는 확인할 수 있다.

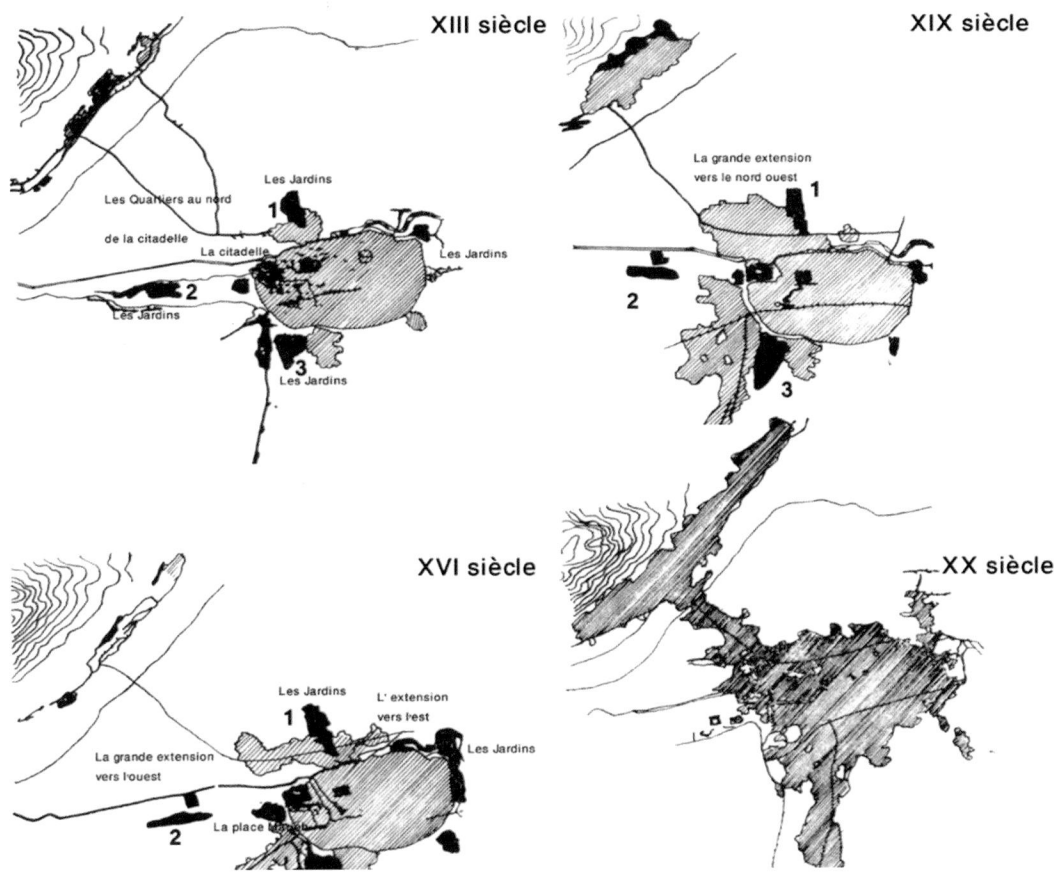

다마스쿠스(Damascus) 도시 발전 모습이다. 16세기까지 도시 모습에 거의 변화가 없다. 19세기부터 도시가 확장하는 것을 볼 수 있다. 특히 도시 북쪽으로 새로운 신도시가 형성된 것이 눈에 띈다.

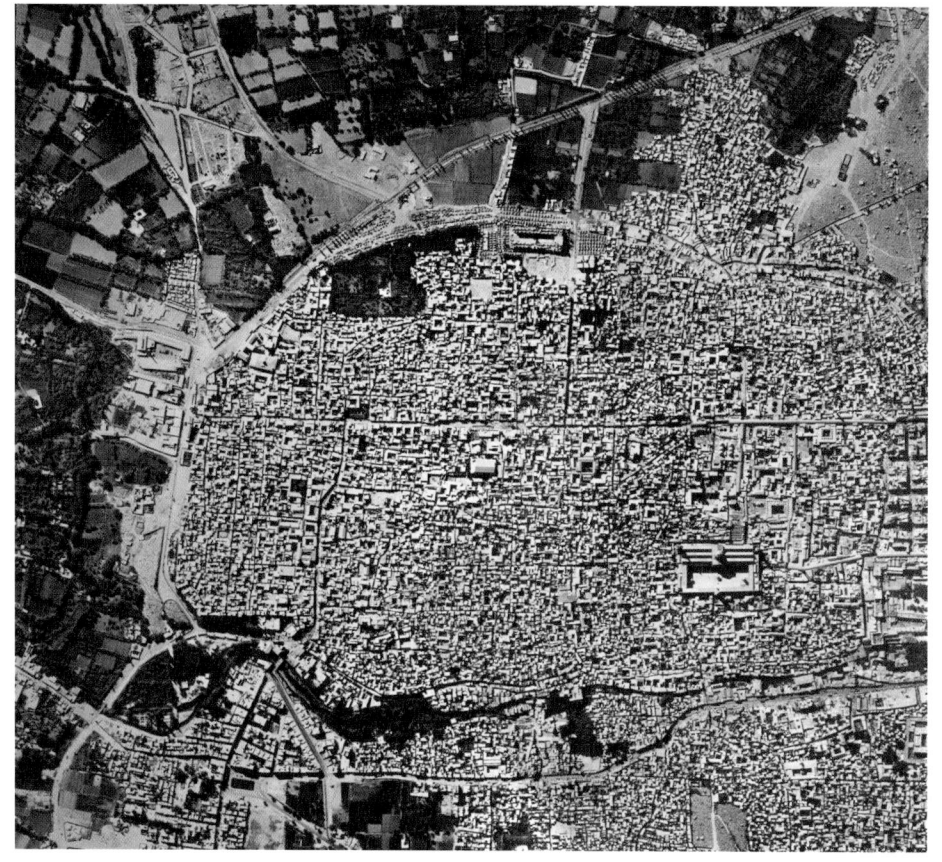

다마스쿠스(Damascus) 도시와 경계를 볼 수 있다. 성벽을 기준으로 도시는 상당히 높은 밀도의 건축물이 들어서 있다. 반면 도시 외곽에는 농경지가 있고 건물 밀도도 낮아지고 있다.

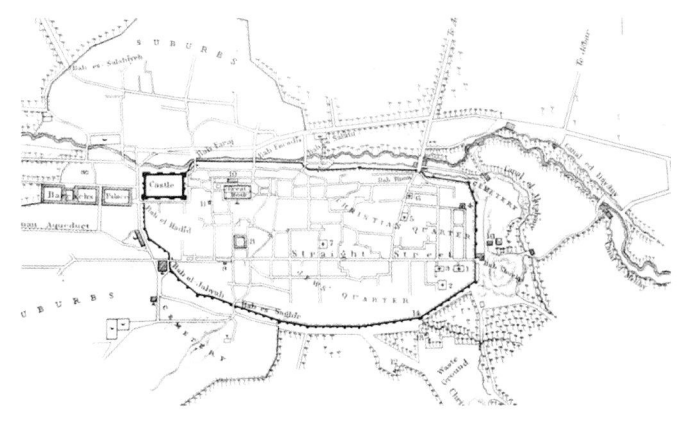 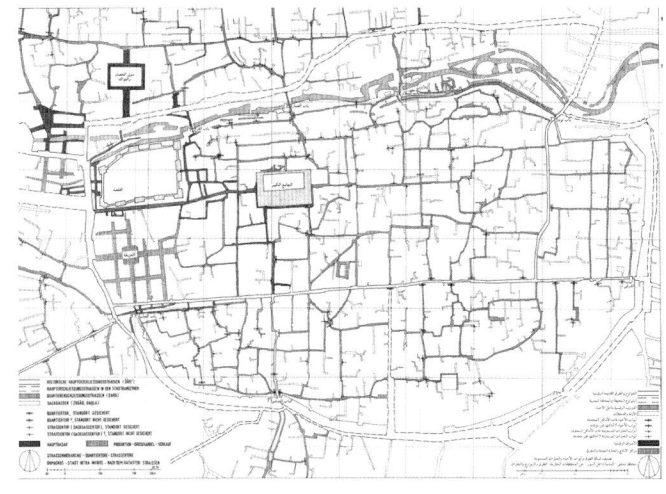

1855년 지도이다. 북쪽에 강이 흐르고 도시 주변에 묘지 등이 있는 것을 볼 수 있다. 성벽 안의 도시에는 그리스도교(Christianity) 구역, 유대교(Judaism) 구역 등이 있어서 교회 등의 건축물도 남아 있었던 것을 확인할 수 있다.

도시의 가로체계를 보면 그리스도교(Christianity) 시대 때 만들어진 규칙적이고 직선적인 도로와 이슬람 시대 때 만들어진 불규칙한 도로가 혼재하고 있는 것을 볼 수 있다.

12 . 다마스쿠스(Damascus)   141

1800년대의 다마스쿠스(Damascus)에 있는 바자르(Bazaar) 거리를 묘사한 그림이다. 흥미로운 것은 건축물에서 경사진 지붕, 기둥의 모양과 구조, 장식 문양 등이 전통적인 이슬람 건축요소와는 사뭇 다르다.

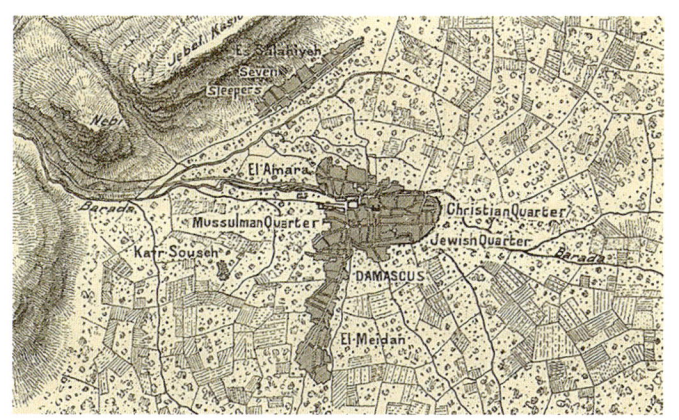

1885년 도시가 확장할 무렵의 지도이다. 남쪽으로 도시가 확장하고 있는 모습이다. 또한, 북쪽에 새로운 도시가 형성되고 있는 것을 볼 수 있다.

현재 도시의 도시 조직을 보여주는 지도이다. 도시의 성벽 형태를 따라 도로가 만들어지고 확장된 모습을 볼 수 있다. 도시가 남쪽 방향으로 발전한 모습인데, 북쪽은 자연적인 지형조건에 의해 상대적으로 덜 확장되었다.

12 . 다마스쿠스(Damascus)

현재 도시의 도시 조직을 보여 주는 지도이다. 도시의 성벽 형태를 따라 도로가 만들어지고 확장된 모습을 볼 수 있다. 도시가 남쪽으로 발전한 모습인데, 북쪽은 자연적인 지형 조건에 의해 상대적으로 덜 확장되었다.

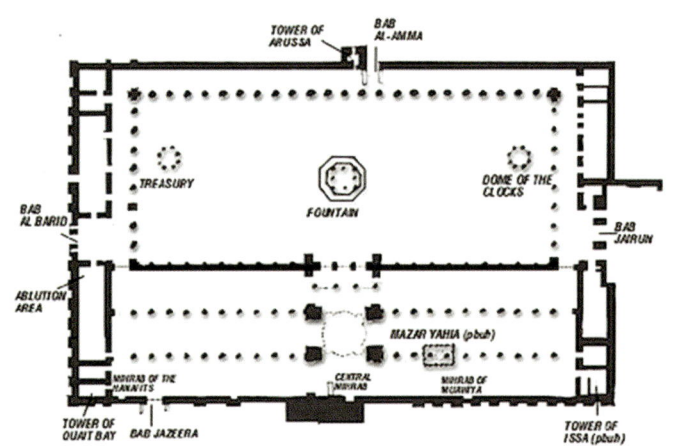 

1867년 우마이야 모스크(Umayyad mosque)와 도시 모습이다. 모스크(Mosque) 주변에 건물들이 모여 있는 것을 볼 수 있다. 성벽 너머는 들판이 넓게 펼쳐진 모습으로 아직 개발이 안 된 것을 확인할 수 있다.

모스크(Mosque) 내부에는 성 요한(St John)의 묘가 있다.

중정에는 커다란 우물(Fontaine)과 클럭 돔(Dome of clocks)이 있는데 이슬람 건축의 아름다움을 잘 표현하고 있다.

13
바그다드(Baghdad)

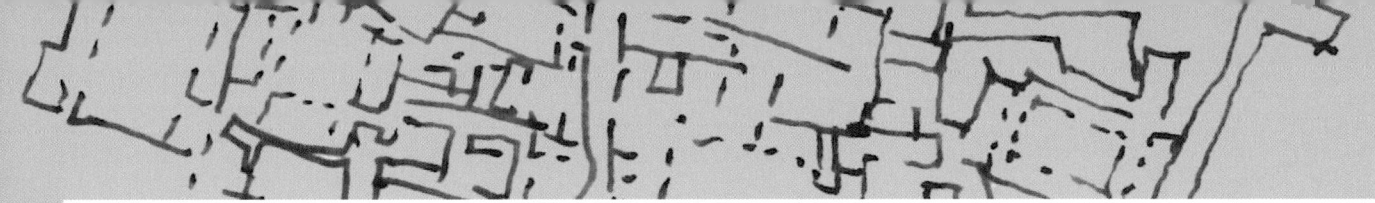

　압바스조(Abbasid Caliphate)는 아라비아반도를 벗어난 최초의 이슬람 제국이다. 사산조(Sassanian Empire)는 당시 막강한 제국이었다. 하지만 이슬람 세력에 의해 멸망했으며 페르시아와 그 주변 지역은 압바스조(Abbasid Caliphate)가 지배하게 된다. 페르시아 지역은 우르(Uruk) 같은 수메리안(Sumerian) 도시가 있는 역사적으로도 오래된 지역이다. 아라비아반도 지역에 있는 유목 도시와 다른 역사와 전통 그리고 다양한 문화가 혼합된 도시가 많은 지역이다. 바그다드(Baghdad) 역시 페르시아 지역의 영향을 많이 받는다. 바흐(bagh)는 '신'을 의미하여, 다드(dad)는 '주다'는 뜻이다. 그래서 바그다드(Baghdad)는 '신이 주신 곳'이라는 의미이다. 티그리스 강(Tigris River) 유역에 있는 바그다드(Baghdad)는 637년부터 이슬람 세력이 지배하다가 750년에 압바스조(Abbasid Caliphate) 수도가 된다. 당시 바그다드(Baghdad)의 인구는 100만 명 정도로 추산되는데 이는 중세 도시 중 최대 규모이다.

　이슬람의 바그다드(Baghdad)는 사산조(Sassanian Empire)의 수도였던 크테시폰(Ctesiphon)에서 시작한다. 도시는 티그리스 강(Tigris River)을 따라 발전한다. 강을 따라 무역이 활성화되면서 도시도 자연스럽게 길게 형성된다. 또한, 강의 수량의 풍부해서 대규모의 인구가 사용하는데도 문제가 없었다. 한편으로는 새로운 도시를 만드는데, 무슬림을 위한 완벽한 도시를 만들고자 했다.

　바그다드(Baghdad)는 무역의 도시이며 교육의 도시이기도 하다. 당시 지식의 전당인 지혜의 집(Bayt al-Hikmah 또는 House of Wisdom)이 있었으며, 당시 중세에서 가장 큰 도서관이었다. 철학, 문학, 과학, 예술 등 전 분야에서 이슬람의 지식이 축적되고 전파되는 장소이었다. 도시 조직 역시 이런 다양한 요소를 반영하여 복합적인 형태로 발전하였다.

바그다드(Baghdad)는 티그리스 강(Tigris River)을 따라 도시가 형성되었다. 바그다드(Baghdad)가 가장 큰 도시였고 그 외에도 작은 도시와 마을이 티그리스 강(Tigris River)을 따라 존재하였다. 1849년 지도를 보면 바그다드(Baghdad)는 티그리스 강(Tigris River) 오른쪽에 도시가 형성되어 있는 모습이다.

바그다드(Baghdad) 도시 전경이다. 비교적 평지인 대지에 고대부터 형성된 도시이다. 다양한 문화와 건축물이 혼재된 곳으로 7세기부터 이슬람 도시로 발전하였다.

1808년 제작된 그림이다. 바그다드(Baghdad)의 모습을 강 건너에서 묘사하고 있다. 많은 모스크(Mosque)와 미나레트(Minaret)가 있는 모습이다. 바그다드(Baghdad)는 시아파(Shia Islam)의 중요한 도시 중의 하나이다.

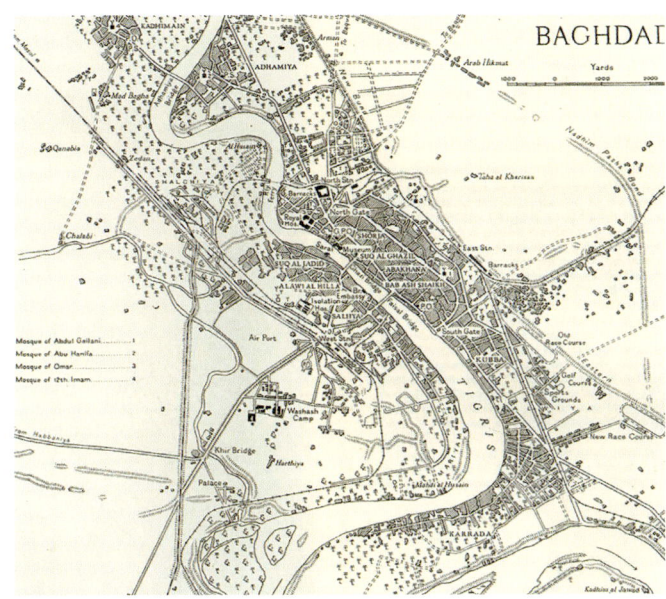

20세기부터 바그다드(Baghdad)는 확장되기 시작했다. 강의 오른쪽도 본격적으로 개발되기 시작했으며 동시에 강을 따라 길게 도시가 발전하였다.

1950년대 도시지도이다. 불규칙하지만, 큰 도로가 도시 체계를 만들고 있다. 다리들이 도시를 연결하고 철도가 도시 양쪽에 있는 것이 보인다.

13 . 바그다드(Baghdad)　　153

바그다드(Baghdad) 중심부의 모습이다. 바그다드(Baghdad)는 중세시대 때 인구가 100만 명이 넘을 정도로 거대도시였다. 또한, 역사도 오래된 도시여서 도시의 중심부가 여러 곳에 존재한다.

2003년 도시지도로 도시가 좌우로 상당히 많이 발전한 모습이다. 도시 동쪽에 정형화된 가로 패턴이 보인다. 규모로 보아 대규모의 도시 개발이 진행되었음을 알 수 있다.

현재의 도시 조직을 보면 매우 큰 도시임을 알 수 있다. 다양한 패턴의 도시 조직이 보인다. 규칙적인 패턴과 불규칙한 패턴이 혼재된 모습이다.

13 . 바그다드(Baghdad)

바그다드(Baghdad)에 있는 이슬람 주거지역의 모습이다. 사각 형태의 주거와 중정, 미로 같은 도로가 이슬람 주거의 특징을 잘 보여 주고 있다.

바그다드(Baghdad)에 있는 옛 거리와 건물로 다양한 건축 양식이 혼재해 있다.

압바스조(Abbasid Caliphate) 때의 베이트 알 히크마(bayt al-hikmah) 모습이다. 지혜의 집(House of Wisdom)이라고도 한다. 현재의 대규모 도서관과 비슷한 곳이다. 1258년 몽골에 의해 파괴되었다.

옛 도심의 모습으로 다양한 형태의 건축물이 보인다. 불규칙한 거리 모습을 보여 주고 있다.

반면 주요 도로의 거리는 규모도 크고 거리 직선 형태이다. 왼쪽에는 모스크(Mosque)가 보인다. 페르시안 풍의 돔과 화려한 색채가 눈에 띈다.

14
카이로(Cairo)

카이로(Cairo) 지역에 이슬람이 도착하기 전에 그리스도교인(Christianity)과 유대교인(Judaism)들이 살고 있었다. 파티미드 제국이 들어서면서 도시가 형성되기 시작했다. 초기 지역은 카이루안(Kairouan)의 도시 구성 형태를 반영하였다.

641년 암르 이븐 알 아스(Amr ibn-al-As)가 카이로(Cairo)에 처음으로 정착하는데, 군인과 적으로부터 보호받을 수 있는 성벽을 쌓는다. 이곳을 푸스타트(Fustat)라고 하며, 사전적 의미는 캠프(camp, tent)다. 즉 군대를 위한 도시로 출발했다는 것을 알 수 있다. 툴르니드 왕조(Tulunid dynasty)에는 푸스타트(Fustat) 북동쪽 지역에 새로운 도시가 들어서는데, 카타이(Qata-i)라고 불렀다. 이 지역은 주거지역이며 다양한 민족이 살 수 있도록 하였다. 도시가 발전하면서 무역을 위한 새로운 지역이 필요했다. 그래서 세운 장소가 알 카이라(Al-Qahirah) 지역이다. 알 카이라(Al-Qahirah)부터 이슬람 도시다운 면모를 갖추기 시작했다. 모스크(Mosque)와 상점, 정부의 공공시설들이 들어섰으며, 인구도 점차 늘어나기 시작했다. 각종 부대시설도 들어서면서 종교 지역, 도심지역, 상업지역, 주거지역 등으로 구분되면서 이슬람화된 도시로 발전하게 된다.

알 무이즈(Al-Muizz)는 새로운 수도를 만들기 시작한다. 이슬람 사회에서 정치, 문화, 사회를 이끌어 갈 수 있는 도시를 만들고자 했다. 그는 종교적으로는 시아파(Shia Islam)를 대표할 수 있는 도시가 될 수 있도록 중요 지점에 모스크(Mosque), 마드라사(Madrasa), 정부 건물을 배치하였다. 다음으로는 무역을 통해 부를 축적하는 필요하다는 생각에 칸(Khan), 푼둑(Funduq), 카라반세라이(Caravanserai), 바자르(Bazaar) 등의 상업 시설을 배치하였다. 또한, 안전한 생활을 영위할 수 있도록 주거지역을 세심하게 배치하였다. 그의 아들 알 아지즈(Al-Aziz) 때에는 바그다드(Baghdad)와 견줄 수 있는 도시로 발전하게 된다. 지금의 카이로(Cairo) 구도심 지역은 이때 거의 완성되었다.

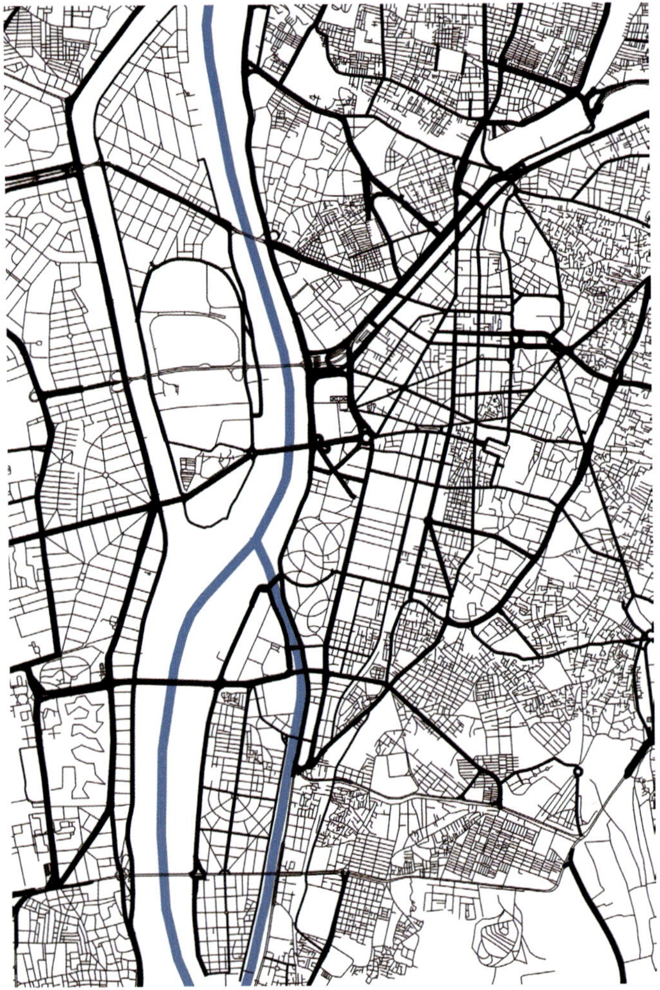

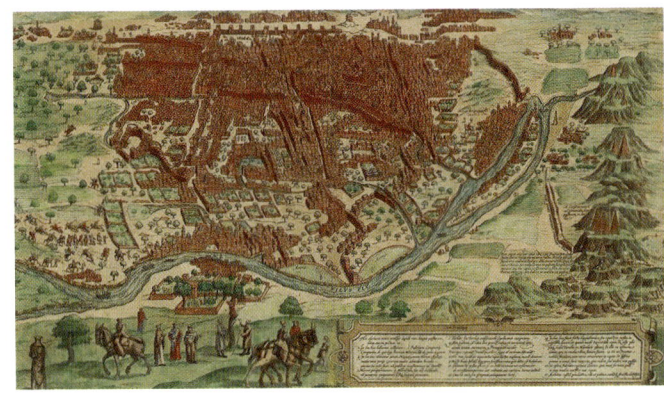

1572년 카이로(Cairo) 도시지도이다. 당시에 이미 상당히 큰 규모의 도시였음을 알 수 있다. 상당히 밀집된 건축물과 불규칙한 도시 조직이 보인다.

카이로(Cairo) 도시 전경이다. 나일강 옆에 세워진 도시이지만 도시 내로 강이 흐르지는 않는다. 도시 대부분이 평탄한 대지 위에 있다. 고대도시여서 다양한 도시 체계와 건축물이 혼재한다.

카이로(Cairo)는 파티미드 시대 때 수도로서 상당히 많은 모스크(Mosque)가 존재한다. 사진 속에서 뒤에 희미하게 있는 고층 건물이 앞에 있는 미나레트(Minaret)처럼 보인다.

1900년대 지도로 이 당시에 카이로(Cairo)는 상당한 규모로 발전한 것을 알 수 있다. 위에 보이는 구도심과 달리 아래쪽 신도시는 밀도도 낮고 녹지 공간도 많이 보인다.

카이로(Cairo) 파티미드(Fatimid) 지역의 성벽을 묘사한 그림으로 출입문과 상인들의 모습이 보인다.

이븐 튜륜 모스크(Ibn Tulun Mosque)는 카이로(Cairo)의 대표적인 모스크(Mosque) 중의 하나이다. 모스크(Mosque) 주변으로 밀집된 건축물 들이 보인다. 카이로(Cairo)의 중요 모스크(Mosque)는 그 구역의 중심 역할을 하는 경우가 많다. 일종의 부도심 또는 거점지역이 된다.

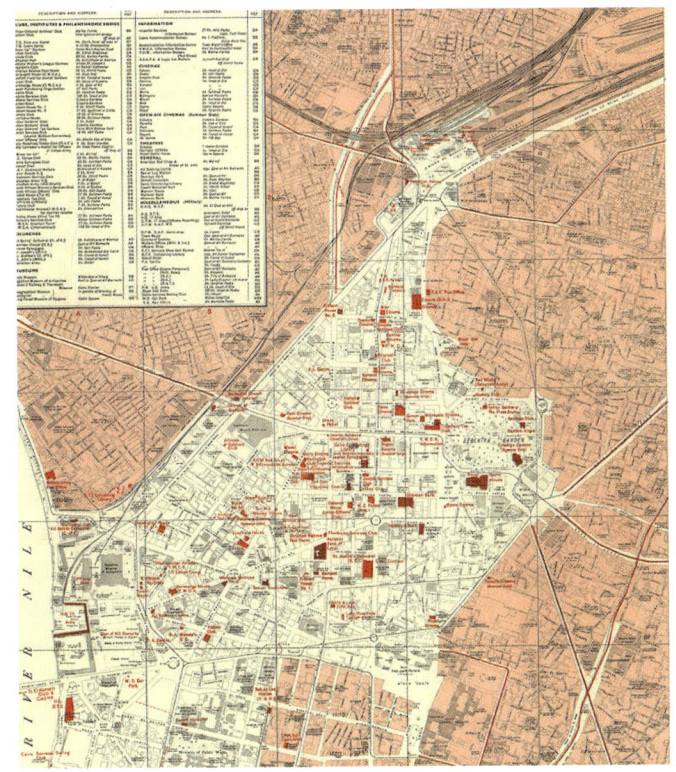

1946년 지도이다. 지도 위쪽에 철도가 보인다. 왼쪽에는 나일강이 있다. 구도심은 나일강과 떨어져 있었는데, 도시가 확장하면서 나일강까지 다다른 모습이다.

현재의 도시 모습이다. 도시가 나일강(Nile River)을 넘어 왼쪽으로 계속 확장하는 모습이다. 도시 동쪽도 계속 확장하고 있다.

14 . 카이로(Cairo)　167

1890년대의 알 아자르 모스크(al-azhar Mosque)와 대학교의 중정 모습이다. 보통 모스크(Mosque)와 마드라사(Madrasa)가 같이 있는데, 여기는 대학교가 있다.

카이로(Cairo)에서 흔히 볼 수 있는 마샤비야(Mashrabiya)의 모습이다. 마샤비야(Mashrabiya)는 일종의 발코니이면서 창문 역할을 하는 이슬람 전통 건축요소 중의 하나이다.

이븐 튜륜 모스크(Ibn Tulun Mosque) 내부에 있는 미흐랍(Mihrab)이다.

이븐 튜륜 모스크(Ibn Tulun Mosque)의 미나레트(Minaret)는 나선형으로 되어 있다.

이븐 튜륜 모스크(Ibn Tulun Mosque) 의 사흔(Sahn) 전경이다. 사각형 형태의 사흔(Sahn)은 이슬람 전통 건축 양식 중의 하나이다.

15
이스탄불(Instanbul)

콘스탄티노플(Constantinople)은 이스탄불(Istanbul)의 옛 명칭이다. 비잔틴 제국(Byzantine Empire)의 수도로서 비잔틴 제국(Byzantine Empire)과 같이 흥망성쇠를 함께한 도시이다. 로마 콘스탄틴 I 세(Constantine I)는 330년 로마제국 동쪽에 새로운 수도를 세웠는데, 본인의 이름 따서 콘스탄티노플(Constantinople)이라고 명명했다. 이후 로마제국이 쇠락한 후 콘스탄티노플(Constantinople)은 비잔틴 제국(Byzantine Empire)의 수도가 된다. 1453년 이슬람의 오스만 튀르크(Ottoman Turks)에 의해 비잔틴 제국(Byzantine Empire)의 마지막 보루였던 콘스탄티노플(Constantinople)이 점령되면서 이슬람 세력에 편입된다. 명칭도 콘스탄티노플(Constantinople)에서 이스탄불(Istanbul)로 변경된다. 이스탄불(Istanbul)은 이슬람의 발견(또는 이슬람이 많은 곳)이라는 뜻이 있다. 강력한 오스만 제국(Ottoman Empire)의 새로운 수도로 변모한 이스탄불(Istanbul)은 본격적으로 이슬람화하기 시작한다. 대표적인 비잔틴 제국(Byzantine Empire)의 성당인 성 소피야 성당(Hagia Sophia Cathedral, 537년 건립)은 1453년 오스만 모스크(Ottoman Mosque)로 바뀐다. 특히 술레이만 I 세(Suleiman I)의 통치 기간인 1520년에서 1566년 사이에 오스만(Ottoman) 건축 스타일이 만들어지는데, 그 중심에는 건축가 미나르 시난(Mimar Sinan)이 있다.

이스탄불(Istanbul) 역시 고대도시여서 다양한 문화가 존재한다. 하지만, 그리스도교(Christianity)가 오랫동안 지배한 지역이어서 그들과 관련된 유산이 많다. 이슬람이 지배하면서 도시가 이슬람화하지만, 이슬람 색채가 강하지는 않다. 도시 전체보다는 건축물 위주의 이슬람화가 진행되었다. 또한, 지역적으로 유럽과 가까워서 지속적인 무역과 문화적인 교류가 이어지면서 서구적인 영향도 많이 받았다. 결과적으로 가장 큰 이슬람 도시 중의 하나이지만, 가장 많은 다양성을 가지고 있는 이슬람 도시가 이스탄불(Istanbul)이다.

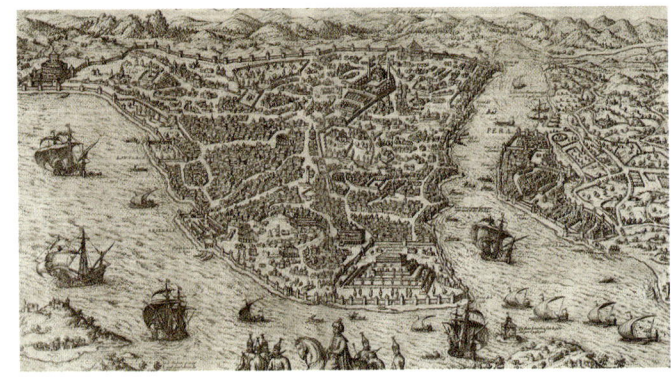

16세기 때의 이스탄불(Istanbul)의 모습이다. 서양에서는 이때도 콘스탄티노플(Constantinople)이라고 불렀다. 삼각주 형태의 도시에 많은 배가 오가는 것을 볼 수 있다. 중요한 무역도시였음을 알 수 있다.

이스탄불(Istanbul) 도시 전경이다. 강이 아닌 바다로 인해 도시가 나누어져 있는 것이 이채롭다. 도시의 전경이 아름다운 것으로 유명하다.

이반 알바조브스키(Ivan Aivazovsky)가 그린 19세기 콘스탄티노플(Constantinople) 그림이다. 잔잔한 바다와 배, 그리고 도시가 평화롭게 묘사되어 있다. 이슬람의 상징인 미나레트(Minaret)가 많이 보인다.

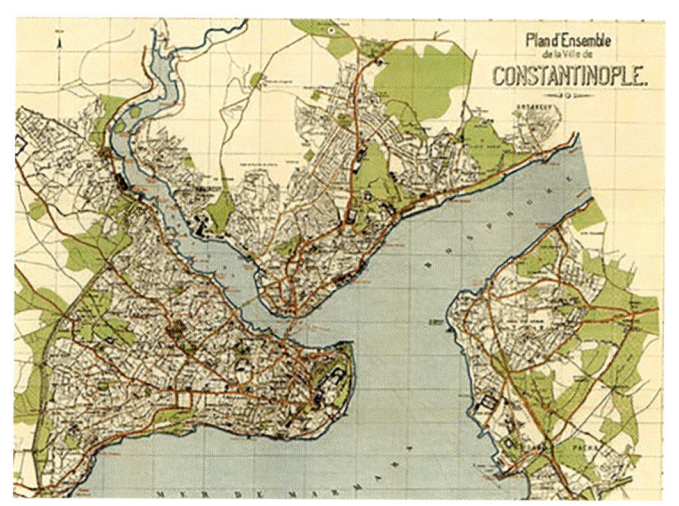

1922년 이스탄불(Istanbul) 도시지도이다. 이미 도시가 많이 확장된 것을 볼 수 있다. 오스만 제국(Ottoman Empire)의 수도로서 전략적으로 중요한 요충지이다.

현재 이스탄불의 도시 조직 모습이다. 도시의 경계가 뚜렷하지 않고 불규칙한 도시 체계를 하고 있다.

1890년에 제작된 그림으로 강 건너에서 본 이스탄불(Istanbul)의 모습이다. 서양식 건축물 사이로 모스크(Mosque)가 있는 모습이다. 다양한 종류의 배들이 눈에 띈다.

1895년 이스탄불(Istanbul) 사진이다. 다른 이슬람 도시와 다르게 서양식 옷차림을 한 사람과 마차가 많이 보인다. 당시 최고의 무역항이었음을 보여 주고 있다.

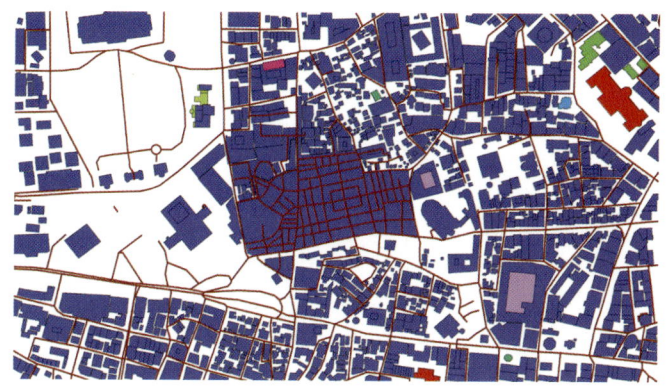

상세한 도시 조직을 볼 수 있다. 규칙적인 것과 불규칙한 것이 혼재된 모습이다. 콘스탄티노플(Constantinople) 자체가 큰 도시였기 때문에 이슬람 세력에 의해 완벽하게 이슬람화한 도시는 되지 않았다.

도심에 있는 그랜드 바자르(bazaar)와 주변 지역이다. 규칙적인 도로와 불규칙한 도로가 혼재하고 있다. 주변 건축물도 거의 상업 시설이다.

이스탄불(Istanbul)에 있는 수크(Souq)의 모습이다. 사람들은 이슬람 복장을 하고 있지만, 건물은 서구식이어서 묘한 대조를 보인다.

바자르(Bazaar)에 있는 전형적인 상점 모습이다. 특히 이스탄불(Istanbul)의 그랜드 바자르(Grand Bazaar)는 거리 형태가 아닌 건물식이어서 규모가 상당히 크다.

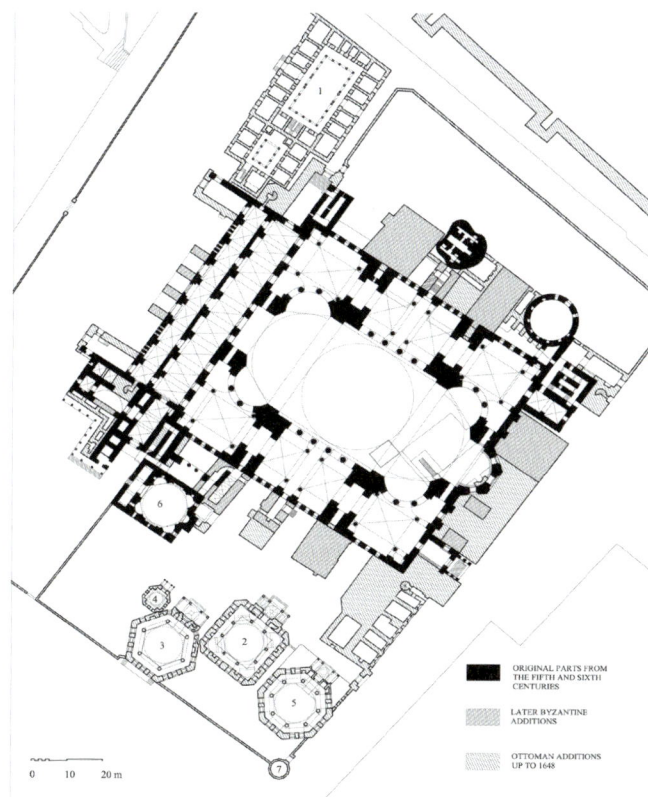

하기야 소피아(Hagia sophia)는 콘스탄티노플(Constantinople)의 대표적인 성당이었다. 이슬람에 의해 정복당한 후 모스크(Mosque)로 바뀌었다. 지금은 박물관으로 사용하고 있다.

성당이 모스크(Mosque)로 바뀐 모습이다. 하지만, 이슬람 정복자들은 대부분의 장식과 그림은 파괴되지 않고 그대로 보존하였다. 대신 이슬람 사원 중요한 요소인 미흐랍(Mihrab), 민바르(Minbar), 장식 등을 추가하였다.

외관 모습으로 기존 성당에 미나레트(Minaret)를 추가한 모습이다.

16
카이루안(Kairouan)

튀니지(Tunis)에 있는 도시로서 유네스코 세계유산으로 등록되어있다. 670년 우마이야조(Umayyad Caliphate) 때 우크바 이븐 나피(Uqba ibn Nafi)가 이끄는 이슬람 세력이 벌판에 잠시 머물기 위해 군대 막사를 세운다. 이 군대 막사가 후에 카이루안(Kairouan) 도시가 된다. 카이루안(Kairouan)의 어원에도 군영 캠프(military camp)를 의미하는 카라반(caravan)이 포함되어 있다. 카이루안(Kairouan)은 아그라비드 제국(Aghlabids Empire)의 수도이기도 했다. 제국의 지속 기간은 짧았지만, 카이루안(Kairouan)의 이슬람 교육의 중심지로 발전하였으며 대학교가 세워지기도 했다. 도시는 거의 아무것도 없는 상태에서 시작했기 때문에 이슬람의 도시 구성과 건축물에 잘 반영한 곳이라고 할 수 있다. 메디나(Medina)를 중심으로 하는 도심지와 교외 지역의 조화는 이슬람 도시의 전형을 잘 보여 주고 있다. 도시의 주요 경제 활동은 농업이었다. 하지만, 도시는 이슬람의 종교, 사회, 문화, 예술 등을 잘 보여주고 있다. 도시 자체는 크지 않다. 또한, 오랜 기간에 비해 도시의 많이 확장되지 않았다. 그래서 오히려 이슬람 도시의 특징을 잘 간직하고 있다. 아그라비드 제국(Aghlabids Empire)은 시디 우크바 모스크(Sidi-Uqba Mosque, 또는 카이루안 모스크(Kairouan Mosque))를 건립한다. 이 모스크(Mosque)의 건축기법은 마그레브(Maghreb) 지역에 세워지는 모스크(Mosque)의 기준이 된다. 또한 카이루안(Kairouan)의 대학교는 당시 중세 유럽의 파리 대학교와 견줄 정도로 중세 이슬람 시대의 종교와 과학교육의 중심지가 된다.

카이루안(Kairouan)은 중세 이슬람 시대에 마그레브(Maghreb) 지역의 황금기를 이끌었다. 13세기에 도시가 쇠락하기도 하고 19세기에 프랑스에 점령당하기도 하지만, 지금까지 이슬람 도시의 정체성을 잘 간직하고 있는 도시이다.

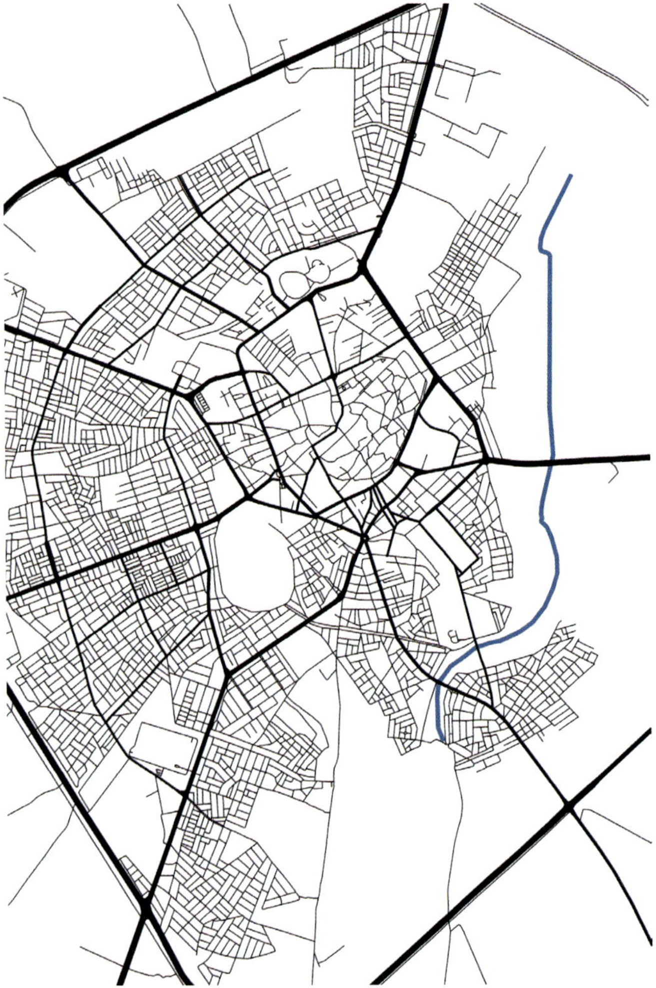

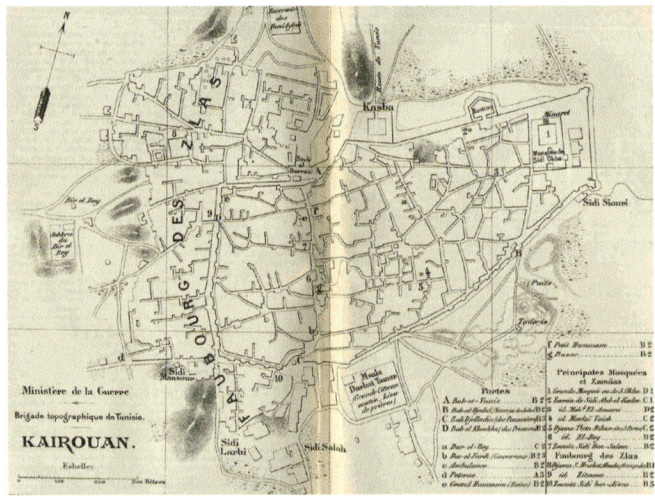

　군영 시설이 도시로 발전했기 때문에 처음부터 이슬람식 도시였다. 가로로 긴 성벽이 있고 미로형 도로가 보인다. 한 가지 특이한 점은 중요한 모스크(Mosque)인 카이루안 모스크(Kairouan Mosque)가 도심이 아닌 외곽에 있다.

비교적 평지에 세워진 도시이다. 지중해 연안이어서 기후가 좋다. 사진에서 도시를 감싸고 있는 성벽이 보인다.

1899년 도시에 있는 거리 모습이다. 양쪽에 모스크(Mosque) 벽을 이용하여 간단한 천들로 만들어진 것을 볼 수 있다.

성벽 부근의 사진이다. 성벽의 출입구가 있고 미나레트(Minaret)가 보인다. 역시 상점들이 길게 줄지어 있는 모습이다.

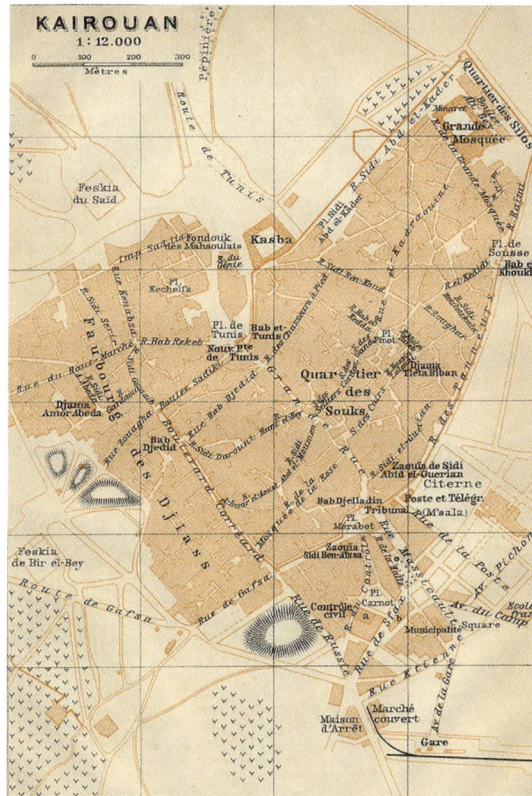

1911년 카이루안(Kairouan) 지도이다. 이전 지도와 비교해 봤을 때 큰 변화가 없어 보인다. 지도 아래쪽에 철도역이 들어선 것을 볼 수 있다.

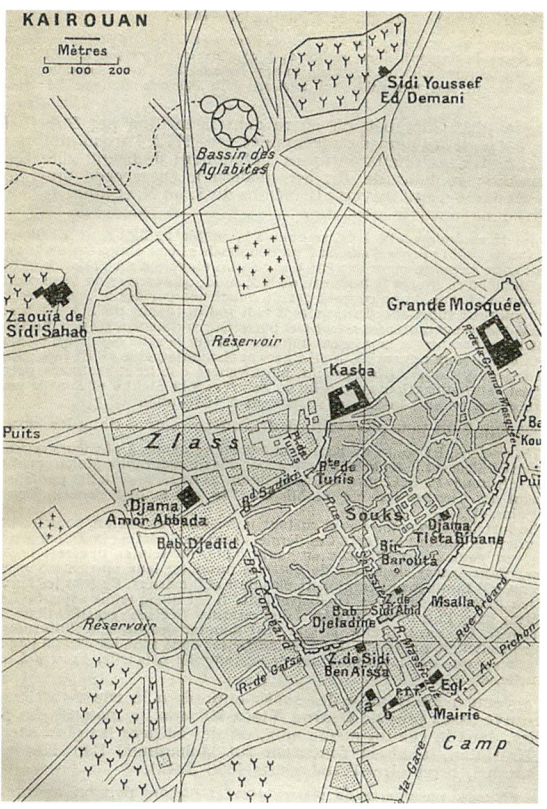

1937년 지도이다. 이전보다 도시가 조금 확장된 것을 볼 수 있다. 외부와 연결되는 도로가 정비되고 많아졌다. 도시와 떨어진 곳에 새로운 시설이 들어서기 시작한 것을 알 수 있다.

카이루안 모스크(Kairouan Mosque)에서 바라본 도시 모습이다. 낮은 건물들이 넓게 펼쳐진 모습이다. 도시 내부에는 녹지 공간이 거의 없다. 사진에서 보면 도시를 벗어난 지역 정도에서 녹지가 드물게 보인다.

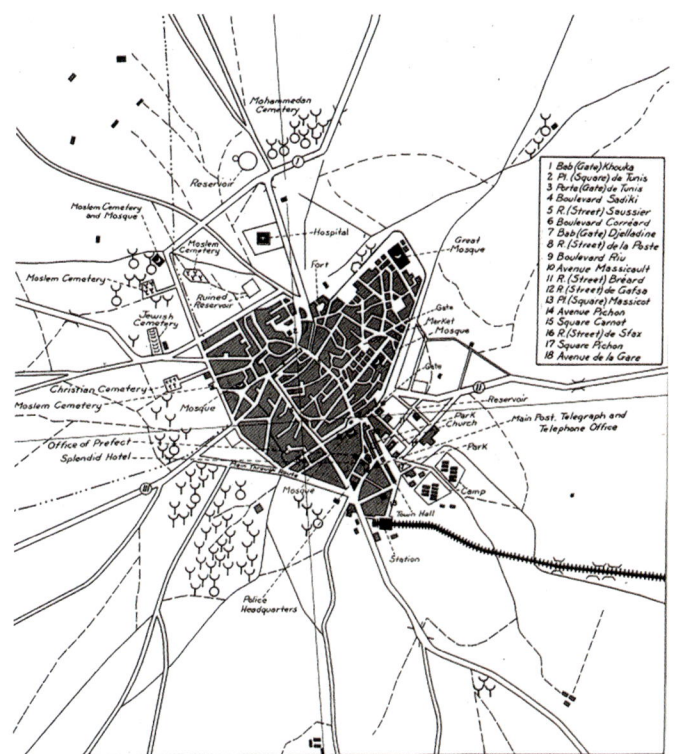

1943년 도시 모습으로 도시에 큰 변화가 없는 것을 볼 수 있다. 도시가 성장하지 못하고 정체되고 있다는 것을 보여 주고 있다.

도시 중심부 모습이다. 도시의 가로체계를 확인할 수 있다. 주요 도로 사이로 불규칙한 도로가 보인다.

16 . 카이루안(Kairouan)

카이루안(Kairouan) 도시로 들어가는 출입구 중의 하나이다. 성벽의 기둥이 서양식 기둥인 것이 이채롭다.

도심 지역으로 낮은 건물들이 미로처럼 이어진 길을 따라 이어진다. 흰색으로 된 건물들이 많이 보인다.

카이루안 모스크(Kairouan Mosque)에 있는 미흐랍(Mihrab) 모습이다. 벽에는 이슬람 장식이 아름답게 새겨져 있다.

카이루안 모스크(Kairouan Mosque)의 특징 중의 하나인 마끄수라(Maqsura)이다. 목재로 된 것으로 현존하는 것 중에서 가장 보존이 잘 되어 있다.

카이루안 모스크(Kairouan Mosque) 모습이다. 넓게 펼쳐진 중정이 아름답다. 건축물의 규모보다 돔, 미나레트(Minaret)가 크지 않아서 수수한 느낌이다.

16 . 카이루안(Kairouan)

17

사마르칸트(Samarkand)

사마르칸트(Samarkand)는 사마니드 제국(Samanid Empire)과 티무르 제국(Timurid Empire)의 수도였다. 현재는 우즈베키스탄(Uzbekistan)의 도시이다. 사마르칸트(Samarkand)는 사마니드 제국(Samanid Empire)에서는 819년에서 892년까지 수도였으며 티무르 제국(Timurid Empire)에서는 35년(1370-1405) 정도의 짧은 기간 동안 수도 역할을 했다. 이슬람과 관련된 많은 유산이 있다. 티무르 제국(Timurid Empire)의 원조는 몽골이다. 몽골이 중앙아시아로 세력이 확장되면서 세운 왕조가 티무르 제국(Timurid Empire)이다. 티무르 제국(Timurid Empire)은 중앙아시아를 포함하여 페르시아 지역을 자국 영토에 포함했다. 1507년 제국이 쇠퇴하자 일부 무리가 인도로 넘어가서 무굴 제국(Mughal Empire)을 건립한다. 티무르 제국(Timurid Empire)은 지배층은 몽골이지만, 빠르게 페르시아 문화를 받아들인다. 오히려 이 기간이 페르시아 지역에서는 황금기가 된다.

사마르칸트(Samarkand)는 오래된 고대도시 중의 하나이다. 기원전 7세경에 도시가 형성된 것으로 추정된다. 지리학적으로 실크로드 상에 있어서 상업적으로 중요한 도시였다. 역사적으로 아케메니아 제국(Achaemenid Empire)의 수도를 시작으로 여러 세기에 걸쳐 중요한 도시로 발전하였다. 8세기에 이슬람이 이 지역을 정복하면서 이슬람이 주요 종교가 됐다. 당시 도시에는 다양한 종교가 있었지만, 빠르게 이슬람화하면서 현재도 우즈베키스탄(Uzbekistan) 인구 90% 이상이 무슬림이다. 도시는 전형적인 이슬람 도시 조직을 보여주고 있다. 반면 건축물은 전통 이슬람 건축 양식과 지역적인 영향을 받은 페르시아 스타일 그리고 전통적인 몽골 스타일이 혼합되어 있어서 일반적인 이슬람 건축과는 다른 모습을 보여 주고 있다. 대표적인 건축물로는 비비 카늬 므 모스크(Bibi-Khanym mosque)와 울루그 베그 마드라사(Ulugh Beg madrasa)가 있다.

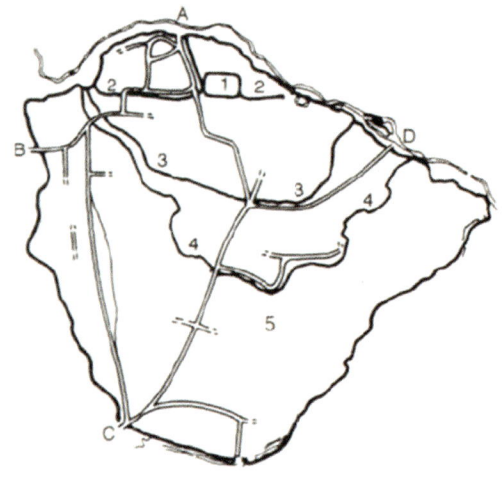

7~8세기 지도로 도시의 구성 모습을 간략하게 표현하고 있다. 도시 중심으로부터 여러 개의 성벽이 있는 것을 알 수 있다. 도시에는 4개의 중요 출입구가 동서남북 방향으로 있다.

198 Ⅲ. 이슬람의 도시들

사마르칸트(Samarkand) 도시 전경이다. 모스크(Mosque)를 중심으로 도시가 형성되어 있는 모습이다. 중정형 건축물이 불규칙한 도로를 따라 들어선 모습이다.

리차드 카롤비치 좀머(Richard Karlovich Zommer)가 19세기 말에 그린 사마르칸트(Samarkand) 모습이다. 실크로드의 중요 통로였던 도시는 많은 상인이 지나가는 곳이었다. 그림 왼쪽에 길게 늘어선 상점들이 보인다.

또 다른 그림은 티무르 제국(Timurid Empire) 당시의 모스크(Mosque) 주변에 있는 상점들의 모습을 보여 주고 있다. 상당히 많은 사람이 있는 것으로 보아 당시에 무역이 활발했던 것을 알 수 있다.

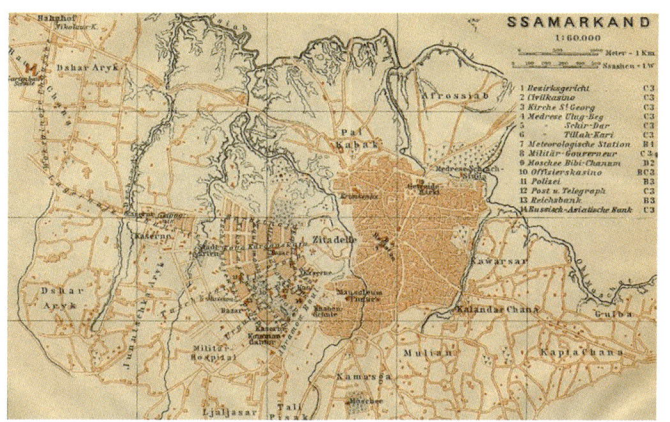 

1912년 당시 도시 모습이다. 우측의 구도심 지역과 좌측의 신도시가 보인다. 구도심 지역은 전형적인 이슬람의 불규칙한 도시 체계가 보이고, 신도시는 계획된 도시로 규칙적인 모습이 나타난다.

구도심 상세 모습이다. 모스크(Mosque)를 중심으로 도시가 형성된 모습이다. 불규칙한 도로와 구역 경계가 이어지고 있다.

1915년 모스크(Mosque)에 본 도시 모습이다. 평평한 대지 위에 도시가 펼쳐진 모습이다. 낮은 건물들이 있고 간간이 나무 같은 녹지 공간이 있는 것이 보인다.

모스크(Mosque)를 판화로 제작한 작품이다. 원통형의 미나레트(Minaret)는 다른 지역에 보기 어려운 특색 있는 형태이다. 수평적인 도시 모습에서 미나레트(Minaret)가 수직성을 강조하고 있다.

화려하게 조각된 이슬람 장식 모습이다. 당시 사마르칸트(Samarkand)가 상당히 부유한 도시였음을 보여 주고 있다. 무까르나스(Muquarnas)의 모습도 보인다.

페르시아 지역의 영향인 이완(Iwan)을 볼 수 있다. 이완(Iwan)은 이상적인 공간과 현실적인 공간을 연결하는 매개체 공간이다. 다른 의미로는 휴식처를 뜻한다.

사마르칸트(Samarkand)에서 유명한 건축물 중의 하나로 각각의 다른 마드라사(Madrasa)가 레지스탄 광장(Registan square)을 바라보면서 직각 형태로 연결되어 있다.

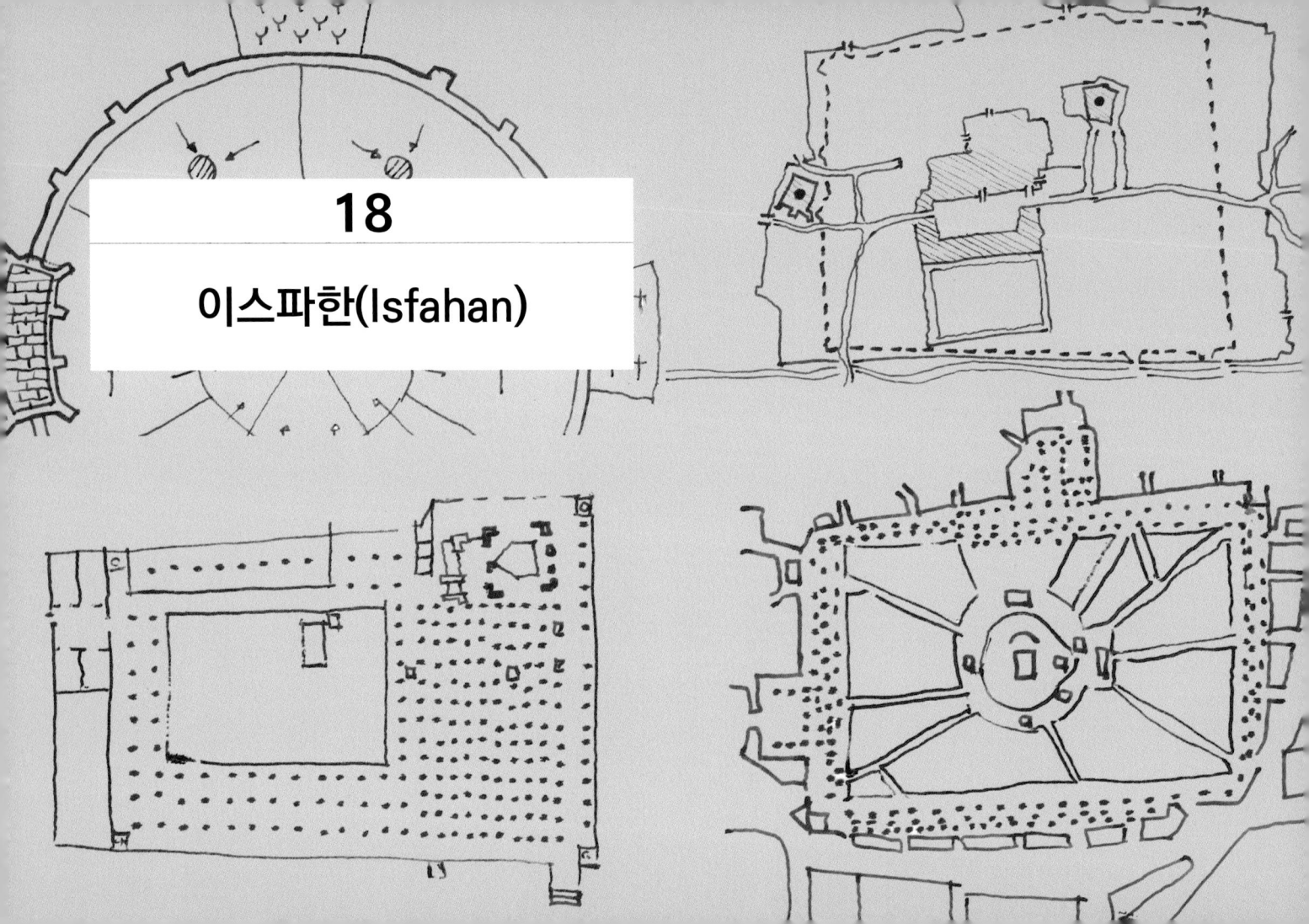

18

이스파한(Isfahan)

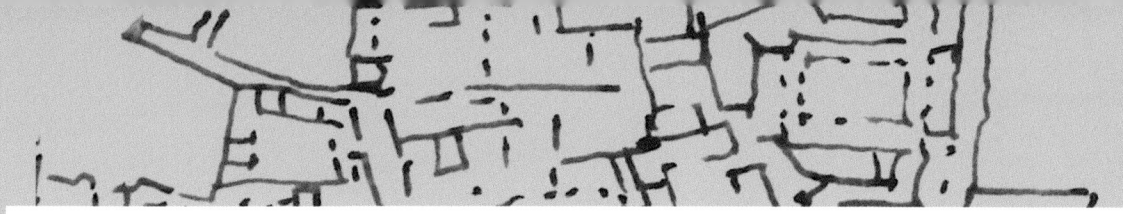

이란(Iran)에 있는 도시로서 고대 이슬람 도시 중에서 중요한 곳 중 하나이다. 이스파한(Isfahan)은 고대에 아스파다나(Aspadana)로 불렸는데, 군인들이 집결하는 장소라는 뜻이다. 이스파한(Isfahan)은 사파비 왕조(Safavid dynasty)의 세 번째 수도(1598~1736)였다. 이란(Iran)의 관점에서 볼 때 사파비 왕조(Safavid dynasty)는 굉장히 중요하다. 지금의 이란(Iran)이 시아파(Shia Islam)의 중심이 된 것도 이 왕조와 연관이 깊다. 주변 국가인 수니파(Sunni Islam)인 오스만 제국(Ottoman Empire)과는 끊임없이 전쟁하면서 제국을 유지해 간다. 이스파한(Isfahan)은 한때 이슬람 세계에서 가장 큰 도시이기도 했다. 이미 선사시대 때부터 인간이 정착해서 살고 있었으며 조로아스터교(Zoroastrianism)의 중심지이기도 했다. 642년 이슬람 세력이 이스파한(Isfahan)을 점령하면서 이슬람 도시로 변모하기 시작한다.

이스파한(Isfahan)은 세계적으로도 중요한 고고학적 건축물과 이슬람 건축이 많은 것으로도 유명하다. 또한, 시아파(Shia Islam)의 중심지로서 종교적인 역할도 상당하다. 사파비 왕조(Safavid dynasty)가 1598년 이스파한(Isfahan)으로 수도를 옮긴 후 나크 쉬 자한 광장(Naqsh-e Jahan Square)을 건립한다. 사파비 왕조(Safavid dynasty)는 이 광장을 도심의 중심지로 만들고자 했다. 30년이 지난 1629년에 완성하는데 사흐 광장(Shah Square)이라고도 한다. 종교 및 공공시설은 물론 상업 시설이 주변에 들어선다. 광장 동쪽에 있는 이스파한 바자르(Isfahan bazaar, 또는 Grand bazaar)는 중동지역에서 가장 크고 오래된 바자르(Bazaar)이다. 광장을 중심으로 하는 이슬람 도시 구성은 흔하지 않은 방식이다. 이스파한 바자르(Isfahan Bazaar)는 도심 지역을 가로지르며 지나가는데 그 길이가 약 2km 정도가 될 정도 길다. 도시의 상징적인 요소를 넘어 도시 구조를 결정하는 주요 요소이다.

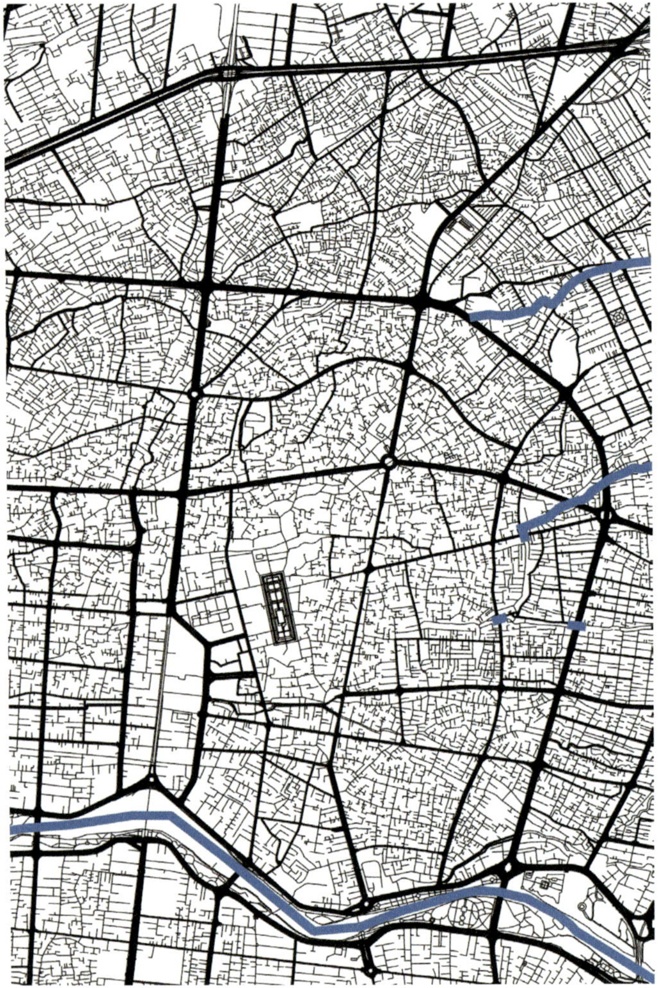

1637년 이스파한(Isfahan) 지도이다. 당시에도 도시 규모가 상당히 크다는 것을 알 수 있다. 모스크(Mosque)와 더불어 서양식 건축물도 상당히 많이 것을 볼 수 있다.

이스파한(Isfahan)의 도시 전경이다. 고대부터 무역과 상업의 중심도시 이였다. 다른 이슬람 도시와 다르게 고층의 현대식 건물과 녹지 공간도 많다. 그러면서도 이슬람의 전통적인 공간과 건축물도 많이 남아 있다.

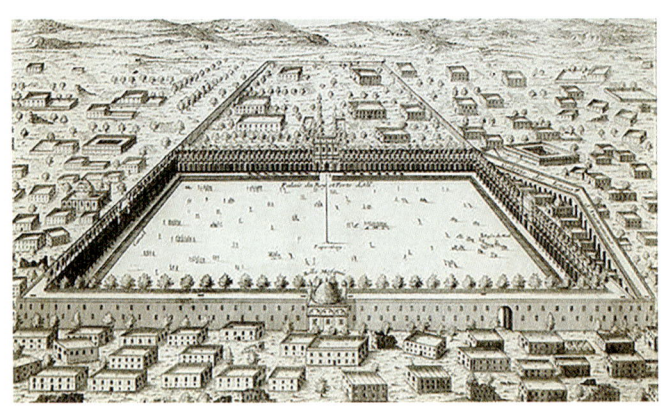

이스파한(Isfahan)에서는 커다란 사각형 형태의 광장을 많이 볼 수 있다. 광장 형태의 공간은 공공시설, 시장, 정원 등으로 사용하는 경우가 많다.

1725년의 도시 모습이다. 도시 전체의 모습은 이전과 크게 다르지는 않다. 다만 그림에서 보듯이 많은 무역상이 도시로 모이는 것을 볼 수 있다.

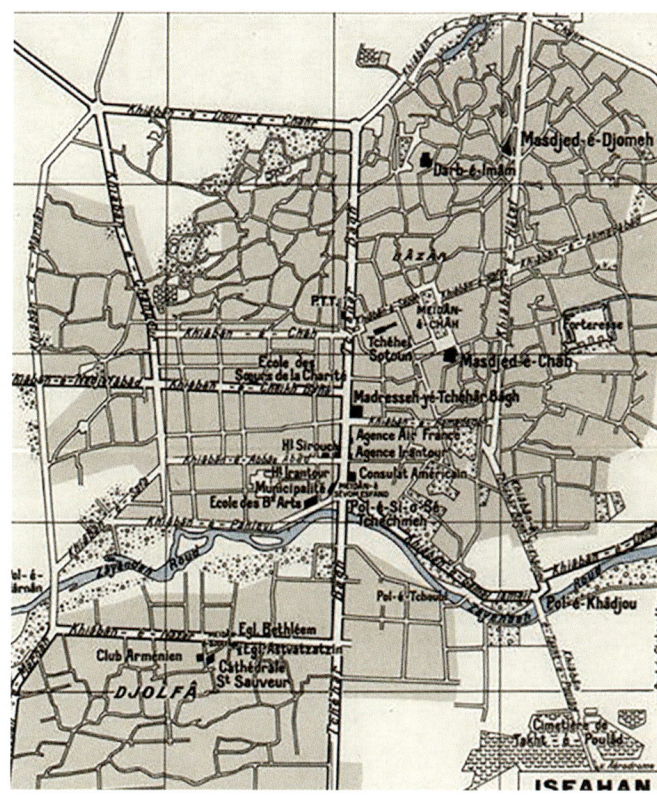

1956년 지도이다. 동쪽 지역의 도시 조직은 미로형이 많은 것을 볼 수 있다. 이슬람 도시의 특징을 보여 준다. 반면 서쪽 지역은 직선 형태이거나 불규칙한 도로의 많고 밀도가 낮은 것을 볼 수 있다.

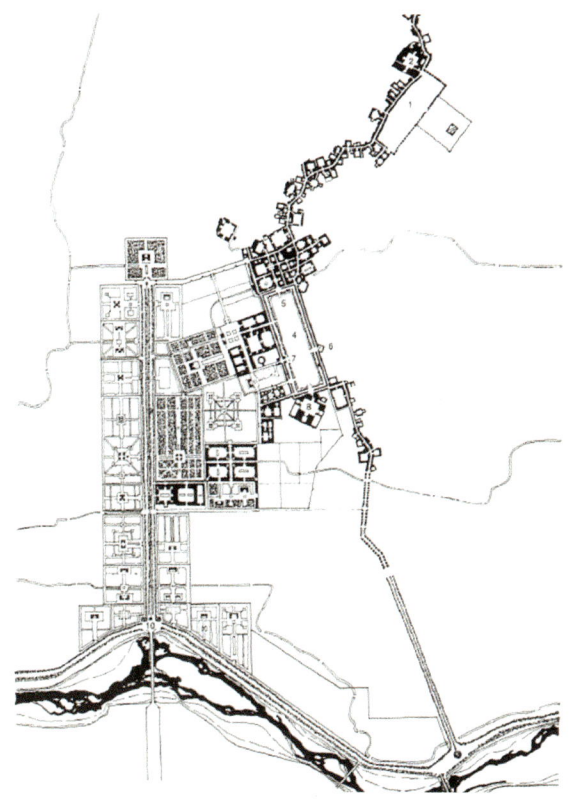

이스파한(Isfahan) 도시의 가장 특징 중의 하나인 도시 중심부를 가로지르는 거대하고 긴 바자르(Bazaar)이다. 길게 형성된 바자르(Bazaar)는 거대한 시장을 형성한다. 지금도 도시의 중요 경제 지역이다.

모스크(Mosque)에서 바라본 이스파한(Isfahan) 전경이다. 도시 전체가 평지에 가까운 것을 볼 수 있다. 건축물 또한 낮게 형성되어 있다.

구도심을 벗어난 외곽지역은 고층 건물이 많이 들어서 있다. 사진 중앙에 커다란 녹지 공간이 있는 것을 볼 수 있다.

도심에는 주요 도로는 직선화되어 있다. 주요 도로의 교차로에는 광장이 있는 것을 볼 수 있다. 하지만, 도로를 벗어나 구역으로 들어가면 이슬람식의 불규칙한 도로가 있는 것을 확인할 수 있다.

바자르(Bazaar) 구역에 있는 카라반세라이(Caravanserai) 전경이다. 많은 건축물과 도로가 상업 시설로 연결되어 커다란 시장을 형성하고 있다.

18 . 이스파한(Isfahan)

파스칼 코스트(Pascal_Coste)가 묘사한 모스크(Mosque)의 모습이다. 커다란 광장에 이완(Iwan)이 있는 것을 볼 수 있다. 페르시아 영향을 받은 이스파한(Isfahan)의 모스크(Mosque)는 화려하고 웅장한 것이 특징이다.

커다란 돔 내부는 화려하게 장식을 했다. 세공 기술이 발달하여 정교한 무까르나스(Muqarnas) 장식도 가능했다.

석조로 지어진 건축물에 장식하기 위해서는 많은 인력과 돈이 필요했다. 하지만, 이미 많은 무역으로 자금이 넉넉했던 도시는 아름다운 모스크(Mosque)를 많이 건설한다.

이스파한(Isfahan)의 자메 모스크(Jameh Mosque)는 대표적인 건축물이다. 이완(Iwan)에 있는 거대하고 정교한 무까르나스(Muqarnas)는 경탄할 정도로 아름답다.

19
알레포(Aleppo)

알레포(Aleppo)는 고대도시로 기원전 6000년경 전부터 문명이 존재한 것으로 보고 있다. 세계에서 가장 오래된 도시 중의 하나이다. 지리학적으로 지중해와 메소포타미아 중간을 잇는 무역 중심지로서 이 지역 패권을 차지하기 위한 전쟁이 빈번히 일어났었다. 알레포(Aleppo)의 어원은 역사가 긴 만큼 다양하게 존재한다. 그중 하나인 할라브(Halab)는 우유 또는 흰색을 의미한다. 우유는 이브라힘(Ibrahim)이 가난한 사람들에게 양젖을 먹인 것에서 기인한다는 주장이다. 흰색은 알레포(Aleppo)의 흰색 대리석에서 유래했다는 의견이 있다. 637년 무슬림이 정복한 이후에는 이슬람 도시가 되었다. 하지만 10세기 중반 비잔틴 제국(Byzantine Empire)이 잠시 점령했었으며, 12세기에는 십자군 전쟁(Crusades) 때는 전쟁터 한가운데에 있기도 했다. 알레포(Aleppo)는 젱가드 왕조(Zengid Dnasty)의 수도였으며, 아유비드 왕조(Ayyubid Dynasty) 말기의 수도이기도 했다.

오스만 제국(Ottoman Empire) 때는 무역도시로서 급성장하였으며, 현재는 시리아(Syria)의 주요 도시 중의 하나이다. 오랜 역사를 가진 도시답게 이슬람 건축물 사이로 로마, 비잔틴 제국(Byzantine Empire), 동양식 건축물들이 혼재해 있다. 무역이 가장 중요한 도시로 어떤 세력이 지배하든 상관없이 경제의 중요성이 쇠퇴한 적이 없다. 이러한 상황은 그대로 도시 조직에 반영되었으며 구도심 지역은 12세기 이후로 거의 변함이 없이 지금까지 지속하고 있다. 알 마디나 수크(Al-Madina Souq)가 대표적인 사례이다. 알 마디나 수크(Al-Madina Souq)는 도심을 가로지르며 이어지는데 그 길이가 약 13km 정도이다. 불규칙한 도로를 따라 끊임없이 연결되는 수크(Souq)는 이슬람 도시의 특징을 잘 보여 주고 있다. 알레포 요새(Aleppo Citadel)와 알레포 모스크(Aleppo Mosque)도 알레포(Aleppo) 도시 조직을 잘 보여 주는 주요 요소라고 할 수 있다.

16세기에 제작된 그림이다. 알레포 요새(Aleppo Citadel)가 중앙에 배치되어 있다. 다소 과장되게 표현한 그림이지만, 당시에 있었던 중요 건물과 특징들을 알 수 있다.

알레포 요새(Aleppo Citadel)에서 바라본 도시 전경이다. 모스크(Mosque)와 광장 너머로 낮은 건물들이 도시를 형성하고 있는 모습이다. 비교적 평탄한 지형에 세워진 도시로 규모가 상당히 크다는 것을 알 수 있다.

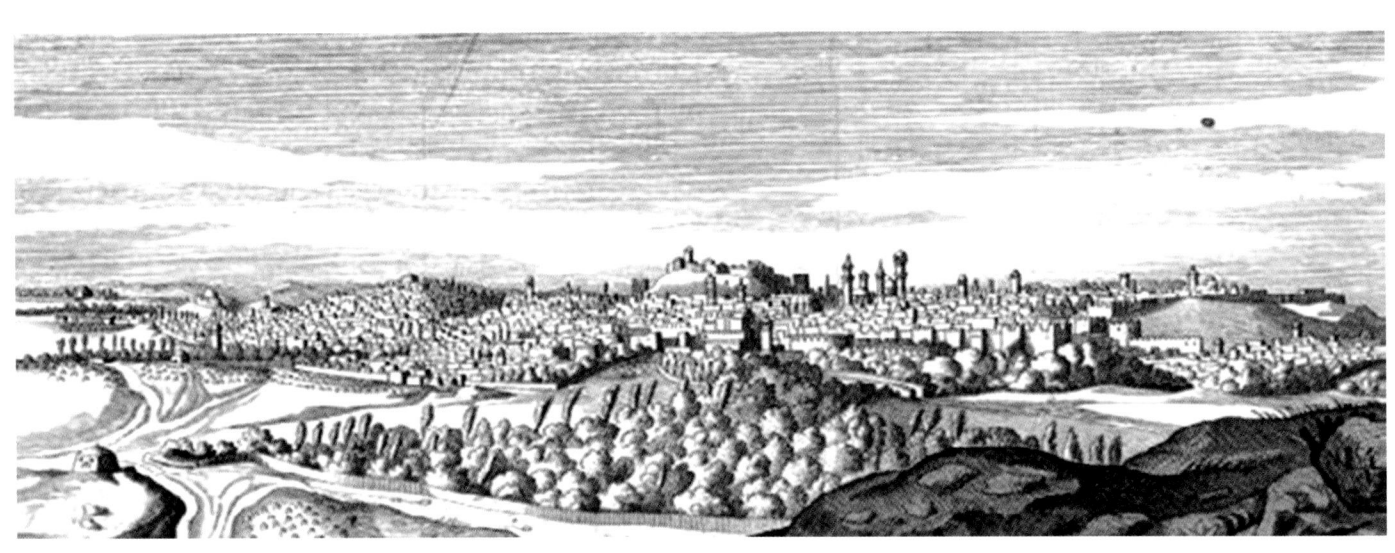

오스만 제국(Ottoman Empire)의 알레포(Aleppo) 도시를 표현한 그림이다. 중앙에 높이 솟아 있는 요새를 중심으로 도시가 펼쳐져 있는 모습이다. 미나레트(Minaret)가 곳곳에서 보인다.

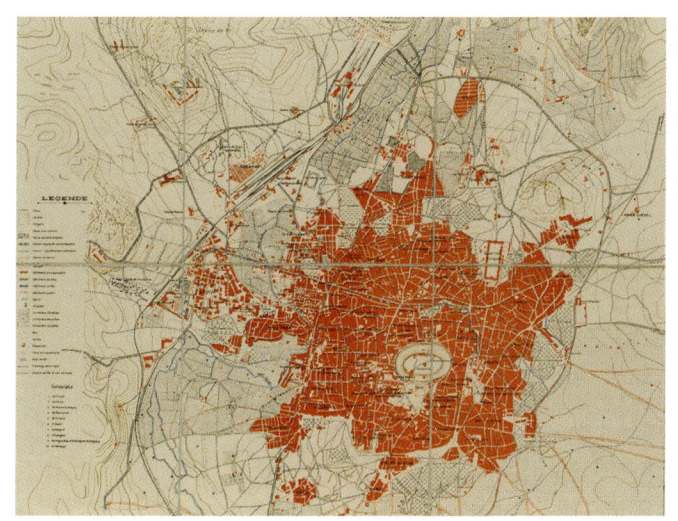 

1929년 제작된 지도이다. 알레포 모스크(Aleppo Mosque)와 요새를 중심으로 도시가 확장된 모습이다. 도시 외곽으로 갈수록 산과 계곡이 가팔라지는 것을 알 수 있다.

구도심 지역은 불규칙한 가로체계가 많이 보인다. 전형적인 이슬람 도시 형태이다. 반면 외곽지역은 직선적으로 규칙적인 모습이 많이 보인다.

1936년 항공 사진으로 당시 알레포(Aleppo) 모습을 볼 수 있다. 미로 같은 도로와 고밀도의 건축물이 도시 전체를 덮고 있다.

모스크(Mosque)에 바라본 도시 모습이다. 낮은 건축물이 멀리까지 있는 것을 볼 수 있다. 또한, 곳곳에 미나레트(Minaret)와 모스크(Mosque)의 돔이 보인다.

오스만 제국(Ottoman Empire) 때의 도시 가로체계이다. 요새 주변으로 도심에 해당하는 곳이다. 불규칙한 도로와 미로 같은 길들이 이어져 있다. 요새 왼쪽에 진한 색으로 표현된 주요 도로가 모이는 지역이 있는데, 바로 알레포 바자르(Bazaar)와 수크(Souq) 지역이다.

알레포 요새(Aleppo Citadel) 왼쪽에 있는 상업지역이다. 바자르(Bazaar)와 수크(Souq), 칸(Khan) 등의 다양한 형태의 건축물들이 혼재해 있다. 상업시설들이 가로를 따라 형성되어 있는 한편 건물들이 밀집해 있어 거대한 구역을 만들어 내고 있다.

알레포(Aleppo) 도심 지역의 모습이다. 석조로 된 건축물들이 길 양쪽에 있고 불규칙하고 좁은 길이 이어지고 있다.

길은 넓어지고 좁아지기를 반복한다. 좁은 길에 상점들이 줄지어 있는 모습이다.

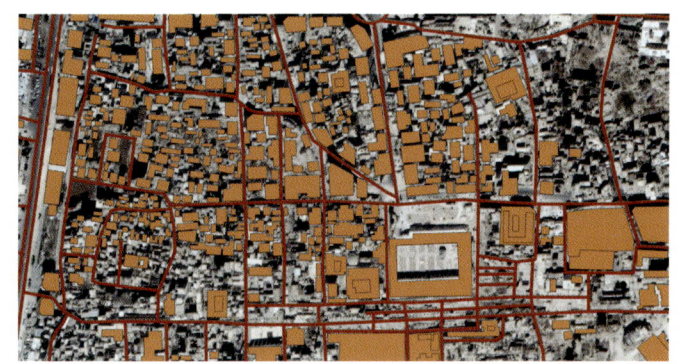 

전통적인 수크(Souq) 지역의 상세도이다. 길과 상점이 구분이 안 될 정도로 불규칙하고 높은 밀도를 보이도 있다.

알레포 수크(Aleppo Souq)의 모습이다. 각기 다른 형태의 건축물들이 혼재해 있어서 복잡해 보이지만, 역사와 전통이 있는 지역이다.

알레포 요새(Aleppo Citadel)의 모습이다. 도시의 상징 같은 역할을 한다.

알레포(Aleppo)에는 많은 모스크(Mosque)가 있다. 그중에서도 알레포 모스크(Aleppo Mosque)가 유명하다. 사각형 형태의 미나레트(Minaret)가 눈에 띄며, 중정에는 세정할 수 있는 연못(fontaine)이 있다.

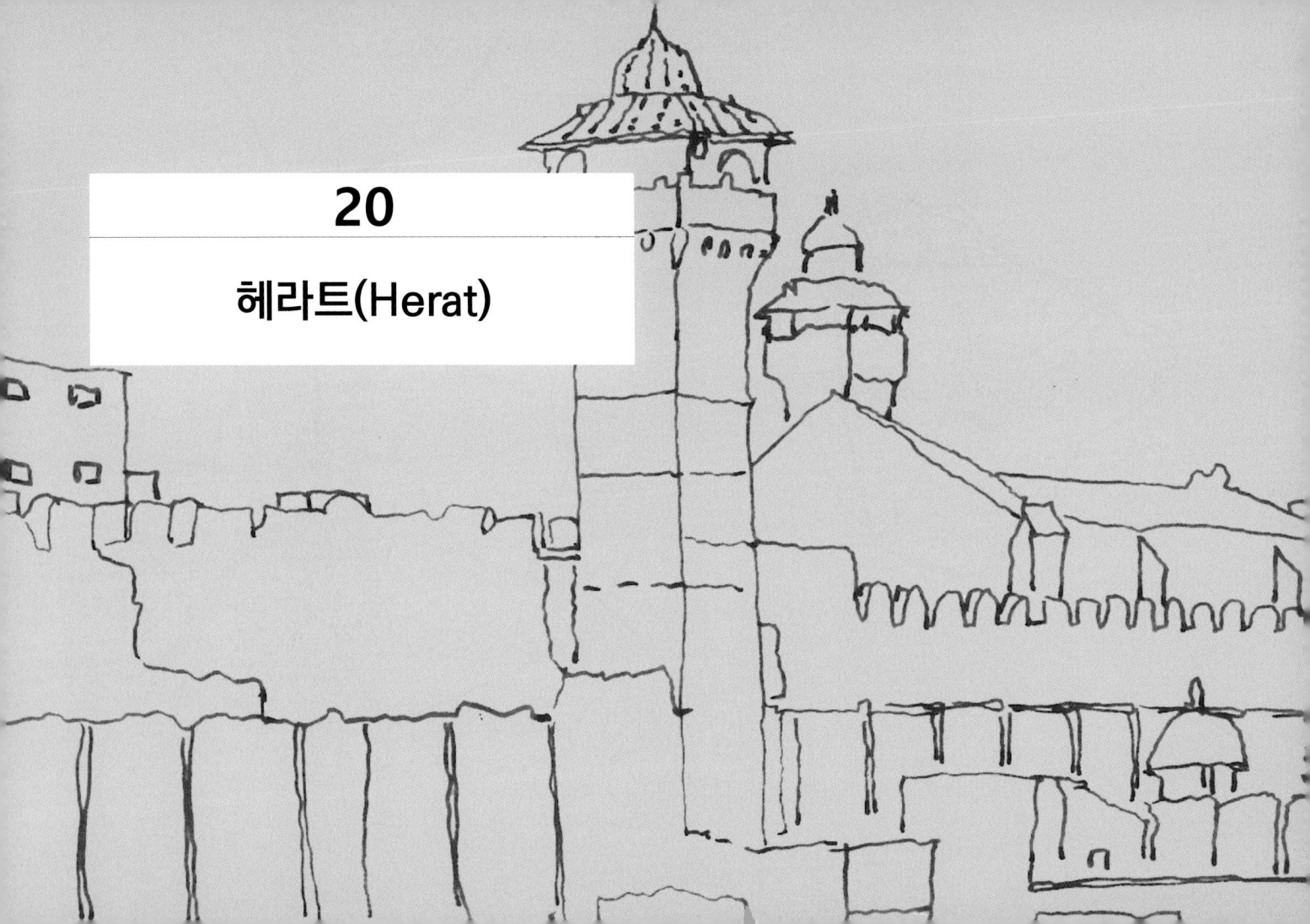

아프가니스탄(Afghanistan) 서쪽에 있는 헤라트(Herat)는 고대 무역도시로서 중요한 곳이었다. 헤라트(Herat)는 1405년부터 1507년까지 티무르 제국(Timurid Empire)의 두 번째 수도였다. 초기 도시는 아케메니드 제국(Achaemenid Empire) 때부터 생성되기 시작했으며, 알렉산더 대왕(Alexander the Great) 때에는 큰 규모의 도시로 발전하였다. 650년경 이슬람 세력이 점령하면서부터 이슬람화하였다. 하지만 경제적으로 중요한 지역이어서 여러 세력에 의해 파괴, 재건, 몰락 부흥 등을 수없이 반복하였다. 결국, 강력한 티무르 제국(Timurid Empire)의 수도가 되면서 안정을 찾기 시작했고 아프가니스탄의 주요 도시로서 발전하였다. 헤라트(Herat)는 고대 도시답게 다양한 유물이 존재한다. 이슬람화 이전에 조로아스터교(Zoroastrianism)가 있었으며, 그리스도교(Christianity)도 존재하였다. 이슬람화 이후에도 다양한 문화가 접목된 독특한 도시이다. 헤라트(Herat)의 도시 형태는 특이하게도 사각형인데 당나라의 영향이 미칠 정도로 유럽과 아시아의 중간지대인 것이 반영된 것으로 보인다. 또한, 실크로드의 중요 거점지역으로서 무역을 위한 도시로 발전한 것이 도시 조직에 영향을 준 것으로 보인다. 헤라트(Herat)는 13세기에서 14세기 사이에 비약적으로 발전하였는데, 당시에 약 12,000개 정도의 상점이 있었다고 한다.

    도시는 주요 도로가 가로, 세로 방향으로 통과하면서 도시를 사등분하는 형상이다. 내부 도로는 불규칙한 형태로 이슬람의 특징을 보여 주고 있다. 다만, 모스크(Mosque)는 도시 동쪽에 있다. 일반적으로 모스크(Mosque)가 도심 중앙에 있는 다른 이슬람 도시와는 다르다. 그 이유는 지배 세력의 잦은 교체와 반복되는 도시 파괴 등의 영향도 있겠지만, 종교보다는 무역이 중요한 도시의 특성이 반영된 결과로도 볼 수 있다. 결과적으로 도심에는 바자르(Bazaar) 같은 상점들이 차지하고 있다.

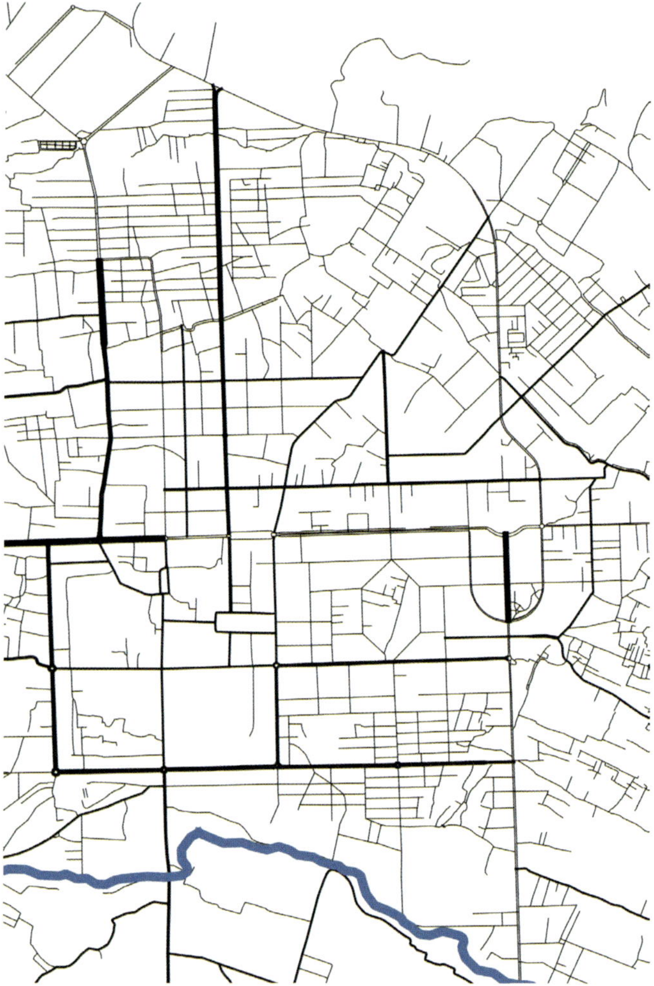

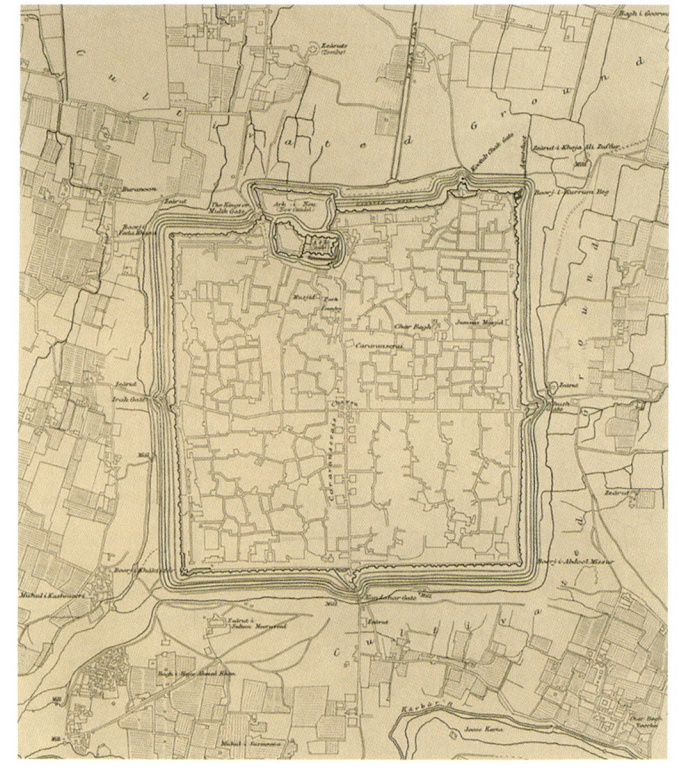

1880년대의 헤라트(Herat) 지도이다. 헤라트(Herat)는 사각형의 성벽 안에 도시가 만들어진 경우이다. 거의 정사각형 가까운 도시 형태는 이슬람 도시 중에서는 흔치 않다.

헤라트(Herat) 도시 전경이다. 낮은 건물이 대부분이며 황토색의 건물들이 많이 보인다. 파란색의 미나레트(Minaret)가 인상적이다.

1897년 작품으로 도시 전경을 그린 그림이다. 성벽이 높고 가파르다. 요새 밑으로 도시가 형성되어 있는 모습이다.

현재의 요새(Citadel)의 모습이다. 도시의 북쪽에 있으며 과거에는 도시의 관문 역할을 했다.

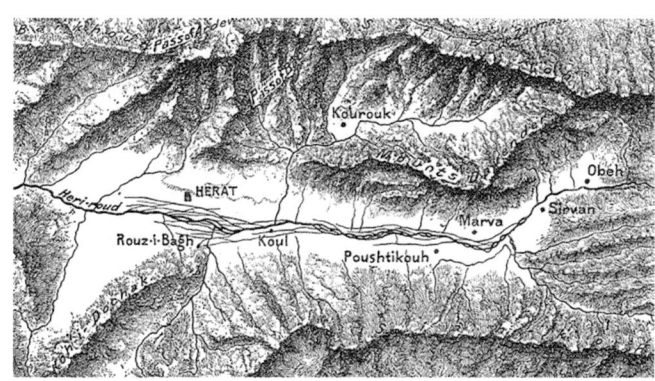

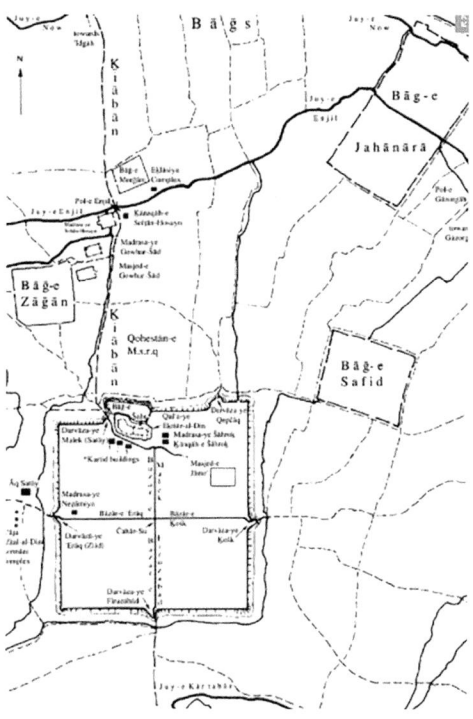

헤라트(Herat)의 주변 환경을 표시한 1885년 제작된 지도이다. 높은 산들 사이에 계곡에 형성된 도시임을 알 수 있다. 다른 도시들도 계곡을 따라서 있다.

헤라트(Herat) 도시 주변은 산과 계곡이 많지만, 도시 자체는 평지에 가깝다. 티무르 제국(Timurid Empire) 때의 주요 도로와 건축물을 표시한 것이다.

20 . 헤라트(Herat)　235

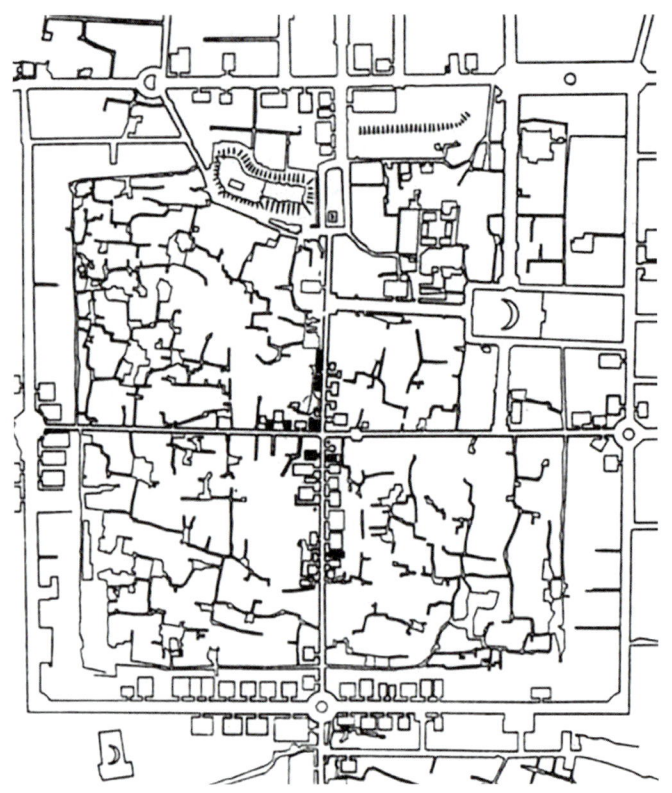

도시 내의 있는 바자르(Bazaar)를 표시한 지도이다. 대부분의 바자르(Bazaar)가 도시 중심을 가로지르는 주요 도로에 밀집해 있다.

건축물의 밀도가 상당히 높은 것을 볼 수 있다. 북쪽의 요새(Citadel)와 오른쪽의 모스크(Mosque)를 제외하고는 큰 건축물이 없다. 주요 도로를 제외하고는 불규칙한 도로가 대부분인 것을 알 수 있다.

헤라트 모스크(Herat Mosque)에 있는 출입구의 모습이다. 화려하게 장식된 외관을 볼 수 있다. 캘리그래프와 아라베스크 문양으로 아름답게 장식을 하였다.

페르시아 지역의 영향으로 헤라트 모스크(Herat Mosque) 내에 이완(Iwan)이 있는 모습이다. 내부와 외부를 연결하는 상당히 큰 이완(Iwan)은 극적인 효과를 준다.

헤라트 모스크(Herat Mosque) 전경이다. 상당히 큰 광장을 가지고 있으며 광장을 중심으로 모스크(Mosque)가 배치되어 있다. 원통형 미나레트(Minaret) 위에 있는 작은 돔은 다른 지역에서는 보기 힘든 형태이다.

IV

부록

초록색

01 메카(Mecca)
02 메디나(Medina)
03 다마스쿠스(Damascus)
04 바그다드(Baghdad)
05 카이로(Cairo)
06 이스탄불(Istanbul)
07 카이루안(Kairouan)
08 사마르칸트(Samarkand)
09 이스파한(Isfahan)
10 알레포(Aleppo)
11 헤라트(Herat)

노랑색

예루살렘(Jerusalem)
헤브론(Hebron)

01_메카

02_메디나

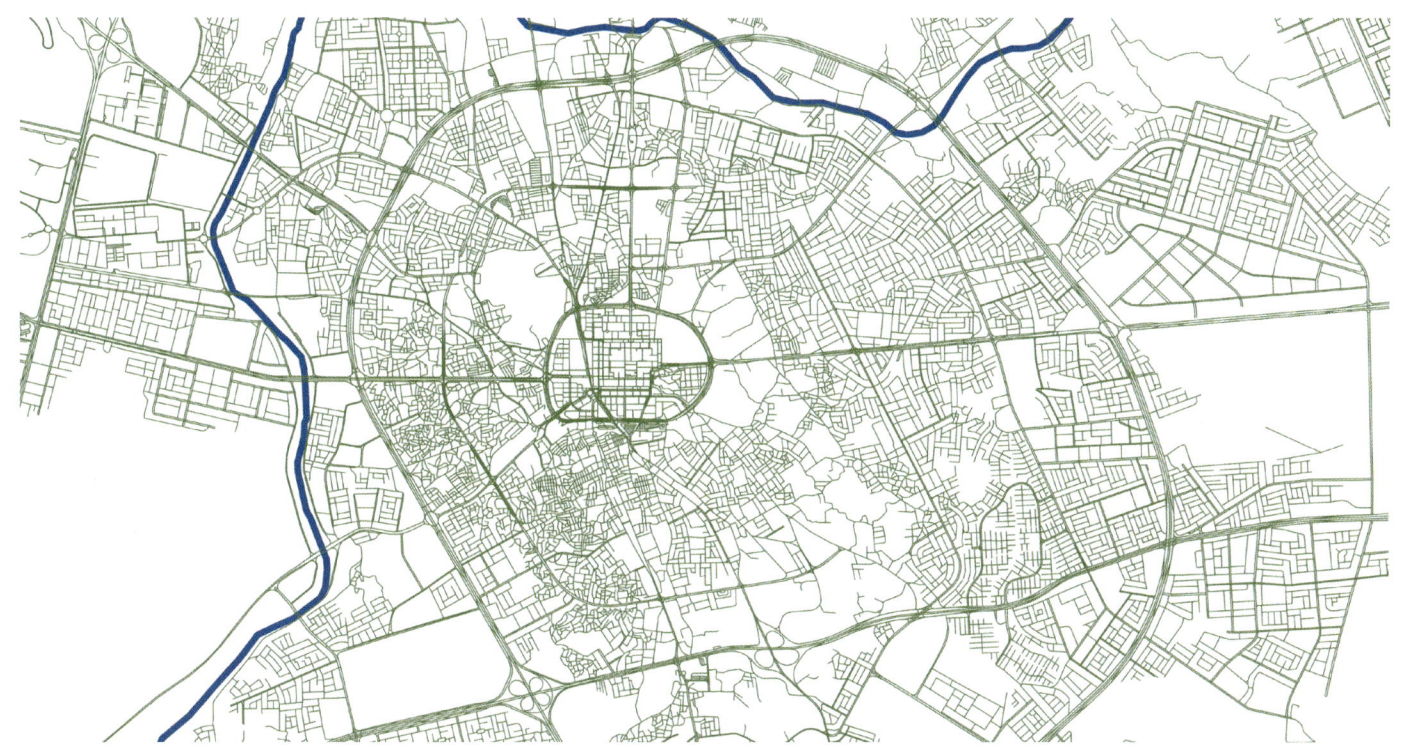

03_다마스쿠스

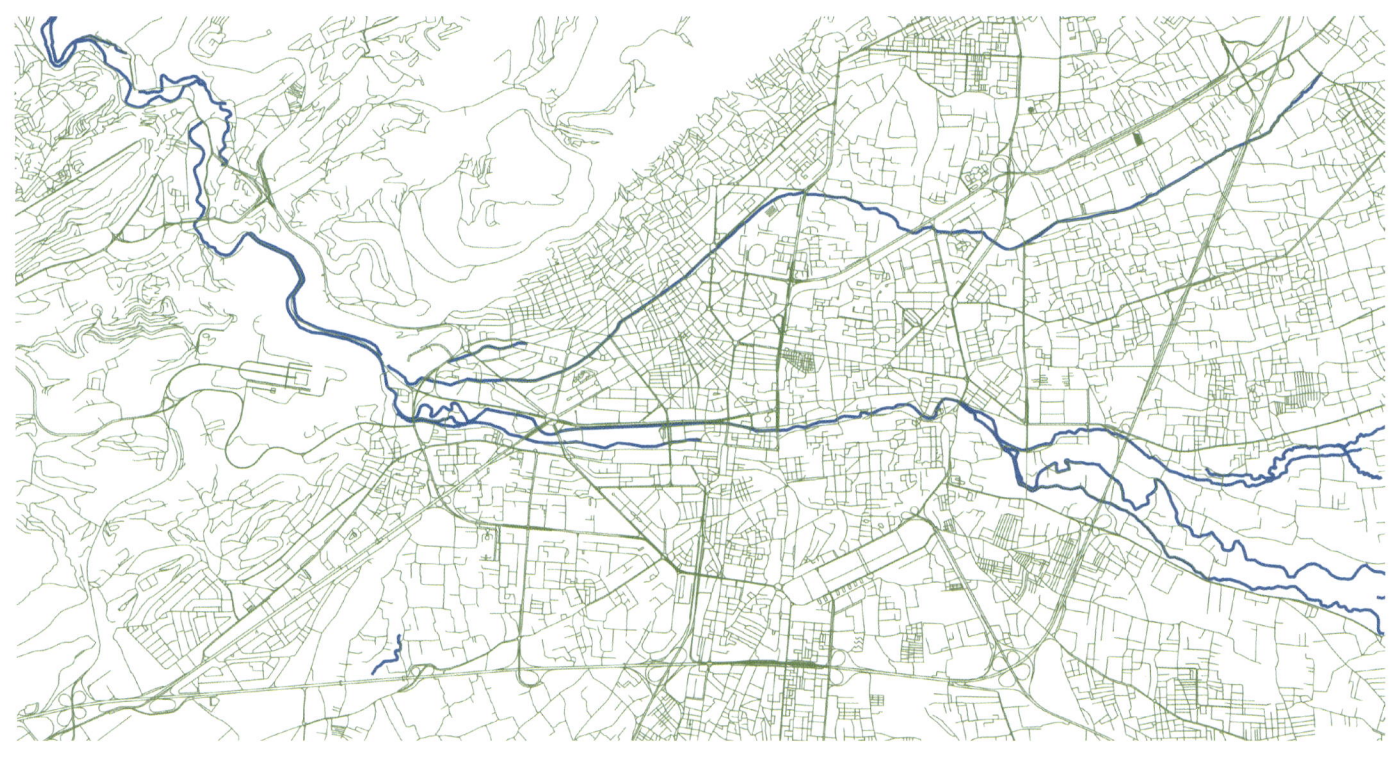

04_바그다드

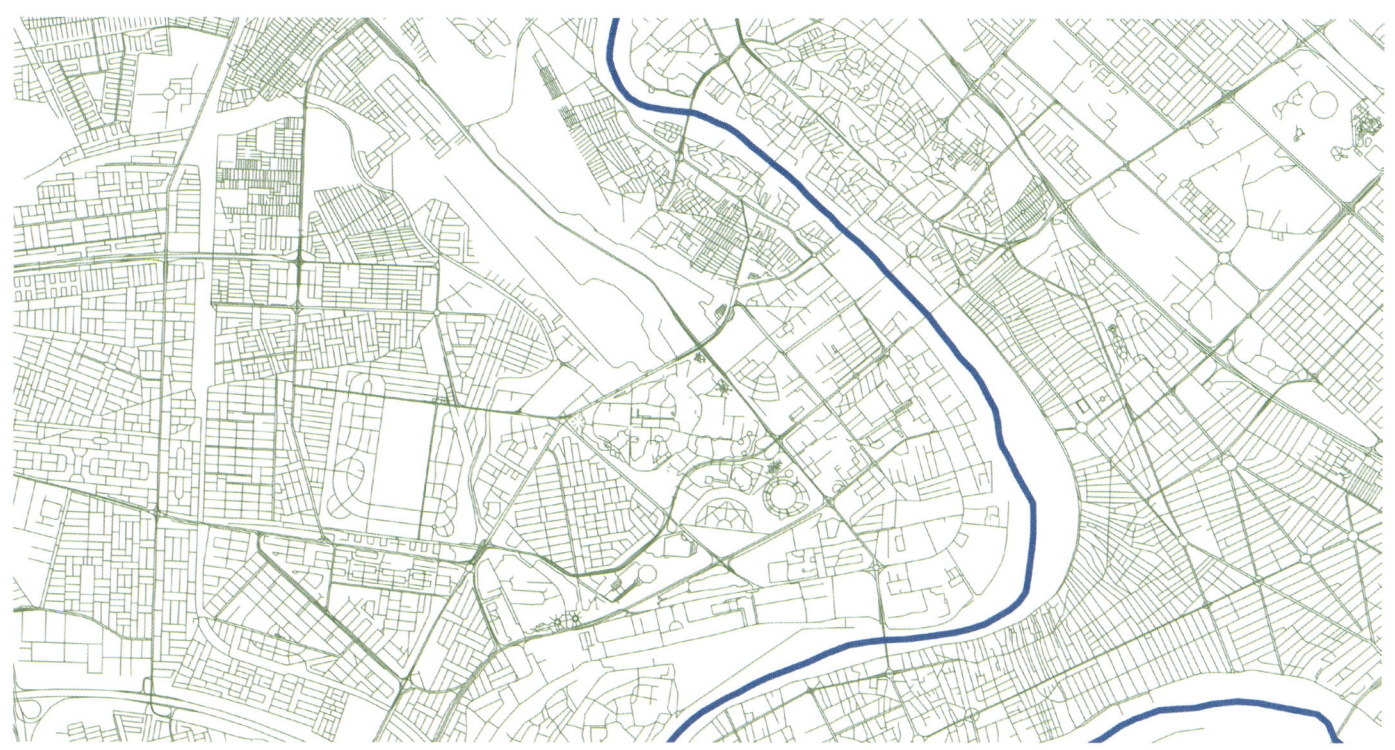

05_카이로

06_이스탄불

07_카이루안

08_사마르칸트

09_이스파한

10_알레포

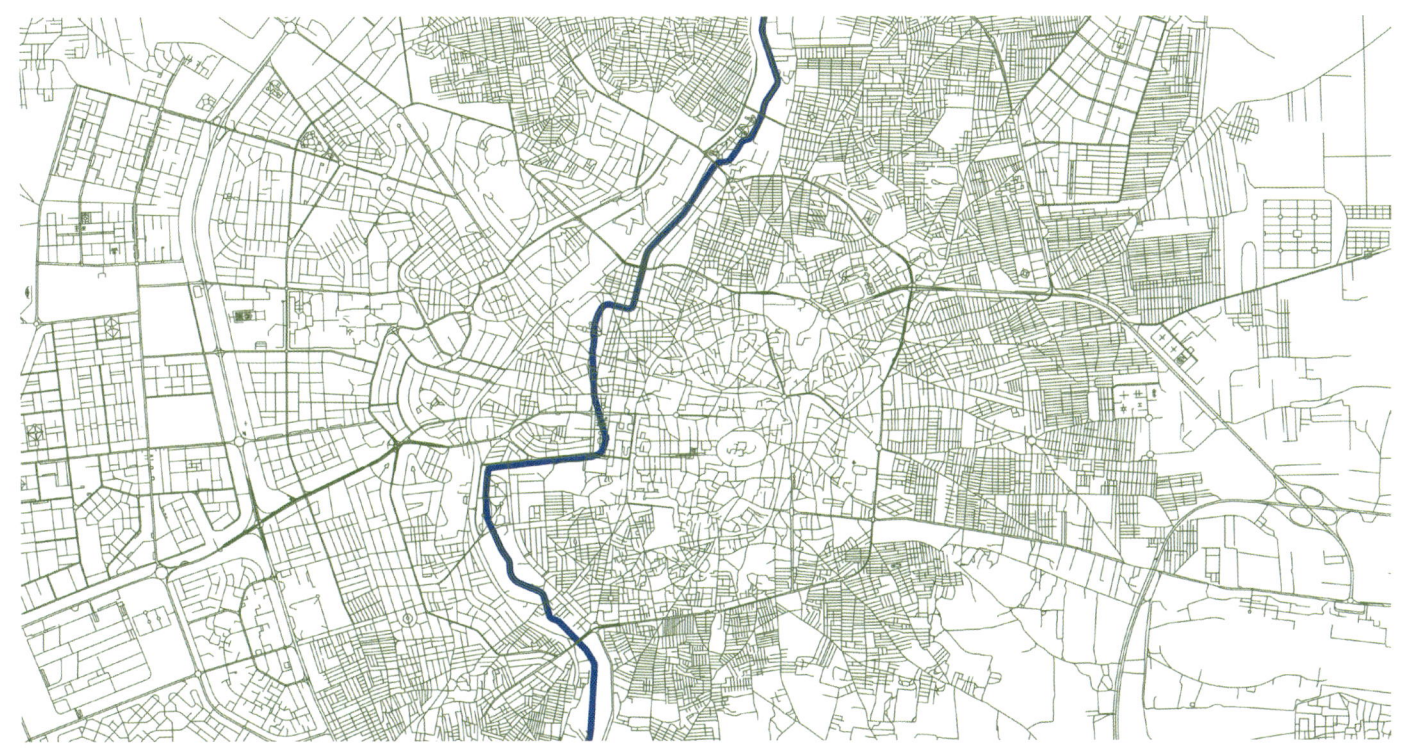

11_헤라트

V
참고문헌

- BENNISON Amira, Cities in the pre-modern islamic world, Routledge, 2007
- BESIM Selim Hakim, Arbic - Islamic cities, building and planning principles, Paul international, 1986
- BIANCA Stefano, Urban Form In The Arab World, Thames & Hudson Ltd, 2000
- BURCKHARDT Titus, Art of Islam : language and meaning, World Wisdom, 2009
- CAMPO Juan, Encyclopedia of Islam, Facts On File, 2009
- CAREY Moya, Islamic art & design, Wigston, 2012
- DOAK Robin, Great Empires of the Past: Empire of the Islamic World, Chelsea House, 2010
- FRISHMAN Martin, The Mosque, Thames and Hudson, 2007
- HAMDOUNI A. Mohammed, Art And Architecture In The Islamic Tradition : Aesthetics, Politics and Desire in Early Islam, I.B.Tauris, 2011
- HILLENBRAND Robert, Islamic Art and Architecture, Thames and Hudson, 1999
- MARTIN Richard, Encyclopedia of Islam and the Muslim World, Thomson, 2004
- MICHELL George, Architecture of the Islamic World, Thames and Hudson, 1996
- MORTADA Hisham, Traditional islamic principles of built environment, Routledge, 2003

■ PETERSEN Andrew, Dictionary of Islamic Architecture, Routledge, 2002
■ SARDAR Ziauddin, The Islamic World : Religion, History, and the Future, Encyclopedia Britannica, 2009
■ SIMS, Trade and travel : Markets and caravanserails, architecture of the islamic world, Michelle G. 1978
■ Slack Corliss, Historical Dictionary of the Crusades, The Scarecrow Press, 2003
■ STIERLIN Henri, Islam, Italy, Taschen, 1996
■ ViTOR Oliveira, Our common future in Urban Morphology, FEUP, 2014

■ 고야마 시게키, 지도로 보는 중동 이야기, 이다미디어, 2008
■ 김정위, 이슬람 사전, 학문사, 2002
■ 김정위, 중동사, 대한교과서, 1998
■ 나종근, 꾸란, 시공사, 2003
■ 내셔널지오그래픽, 1001가지 발명 이슬람 문명이 남긴 불후의 유산, 지식갤러리, 2013
■ 미야자키 마사카쓰, 지도로 보는 세계사, 이다미디어, 2005
■ 버나드 루이스, 김호동 역, 이슬람 문명사, 이론과 실천, 1994
■ 시오노 나나미, 십자군 이야기, 문학동네, 2011
■ 심복기. 이슬람 건축 1400년사, 다온재, 2017
■ 아이라 M 라피두스, 이슬람 세계사 1, 2, 이산, 2009
■ 타밈 안사리, 류한원 역, 이슬람 눈으로 본 세계사, 뿌리와 이파리, 2011
■ 프랜시스 로빈슨, 케임브리지 이슬람사, 시공사, 2002
■ 한스 큉, 이슬람 : 역사, 현재, 미래, 시와 진실, 2006

그림 출처
■ https://commons.wikimedia.org
본문에서 사용한 대부분의 사진 자료는 wikimedia.org에서 발췌한 것입니다.
일반적으로 wikimedia.org 자료는 저작권 사용이 자유롭지만, 일부 자료는 출처가 분명하지 않습니다. 저작권에 문제가 있는 자료는 연락 바랍니다.